A SIDELINE TO MAKE MONEY

目錄

序言　人生，沒有什麼不可能　　　　　　　　　　　　　vii

第一章 ▶▶
副業賺錢，從改變你的思維認知開始

第 1 節　對號入座，帶你找到探索副業的五種形式　　002

第 2 節　找準時機，開啟副業賺錢之旅　　　　　　　009

第 3 節　三類身分，升級你的副業賺錢效益　　　　　015

第 4 節　副業賺錢的三種複利思維　　　　　　　　　020

第 5 節　投資型 or 消費型思維，拉開你和窮人的差距　025

第 6 節　有錢人和你想得不一樣：

　　　　思維 >注意力 >時間 >金錢　　　　　　　　030

第 7 節　先天＋後天，喚醒你的賺錢優勢　　　　　　035

第 8 節　一個清單，算出你的賺錢優勢排序　　　　　040

第 9 節　精準定位出可以賺錢的三大優勢標籤　　　　045

第 10 節　答疑環節　　　　　　　　　　　　　　　　050

第二章 ▶▶
要想副業賺錢，你需要掌握這幾種能力

第 11 節　如何在職場持續積累你的副業賺錢能力　　　056

第 12 節　寫作提升力：

　　　　　三個方法，擁有持續寫出好文章的能力　　　062

第 13 節　表達突破法：提升表達力，副業收入翻 N 倍　067

第 14 節　搭建賺錢關係網：不可忽視的人脈力量　　　072

第 15 節　專案管理力：一個人如何活成一支隊伍　　　077

第 16 節　搭建你的團隊：副業百萬收入需要的團隊配比　082

第 17 節　朋友圈引流術：如何精準引流「三步曲」　　087

第 18 節　混圈子：如何通過社群「漲粉」　　　　　　093

第 19 節　公眾號的紅利期已過？你該擁有的主次平臺生態圈 098

第 20 節　答疑環節　　　　　　　　　　　　　　　　103

第三章 ▶▶
少走彎路，實現主副業完美平衡

第 21 節　故事影響力：打造「吸睛人設」　　　　　　110

第 22 節　第一效應：數位化百倍放大你的影響力　　　117

第 23 節　圈子影響力：如何連結高品質社群　　　　　122

第 24 節　成為作家：非科班出身最快出書的秘訣　　　127

第 25 節　副業賺錢蓄水池：搭建你的多維收入管道　　132

第 26 節　課程打造法：三個秘訣，打造屬於自己的爆款課程　138

第 27 節　如何通過運營打造高價值付費社群，實現副業賺錢　144

第 28 節　副業賺錢方式：找到最適合你的賺錢模式　　　　　150

第 29 節　我的主副業如何才能實現完美平衡　　　　　　　156

第 30 節　變副業為主業的三個標準，你符合嗎　　　　　　162

第 31 節　避開做副業遇到的「坑」，帶你少走彎路　　　　167

第 32 節　答疑環節　　　　　　　　　　　　　　　　　172

附錄 ▶▶

精力管理篇

第一篇　三種專注力場景模式解析，為你的專注力保駕護航　180

第二篇　高精力人士如何分配休息時間　　　　　　　　185

第三篇　瞭解情緒和內耗，保留你的精力　　　　　　　190

高效學習篇

第一篇　升級式關鍵資訊篩選法　　　　　　　　　　198

第二篇　寫書式學習：如何做到高效吸收書本精華　　203

第三篇　榜樣學習法：如何讓喜歡的榜樣為自己賦能　208

序言
人生，沒有什麼不可能

　　我的第一本書《學習力：如何成為一個有價值的知識變現者》出版後，獲得了很多殊榮，比如出版了繁體版，我也獲得了2017年「當當網年度十大新銳作家」的稱號。

　　獲得「當當網年度十大新銳作家」稱號這件事，還有個很好玩的小插曲。我先生把這件事分享到了朋友圈，他的一個好友評論說：「請問，這位女士確定是你老婆嗎？」

　　2019年年初，我去參加了「在行」平臺的年度頒獎活動，得到了主辦方頒發的獎盃「2018年年度最具影響力獎」。2018年，我還做了一件大事：我悄無聲息地生了一個娃，我的第二個寶寶在2018年8月30日誕生了。在這樣特殊的一年裡，我還獲得了「在行」平臺「年度最具影響力獎」，確實意義更加非凡。

　　為什麼說是「悄無聲息」地生娃呢？因為整個懷孕期間，我沒有刻意地公開自己懷孕的事，所以很多人都不知道。在生下娃後的第三天，我在我的微信公眾號（ID：Angie20160120）上發佈了一篇文章《我又雙叒叕生了一個寶寶！》(編按：又雙叒叕，接連的意思)，留言區非常火爆，有的讀者留言：「Angie，我情願相信這是廣告，也不敢相信你又生了一個寶寶。」

　　還有讀者留言：「Angie，你讓我看到一個媽媽，在懷孕期間也可以這麼精彩。」

　　我的人生軌跡也就是在這幾年才有了很大的改變，從剛畢業就失業、一個月入 2000 元的客服，到現在實現財務自由。

　　在生完第一個小孩後，因為想要成為寶寶最好的榜樣，我開啟了副業賺錢之旅。

　　在懷孕期間，我的所有工作都有條不紊地往前推進，只是因為身體的原因，停止了所有需要外出的專案。

　　生完第二個小孩的第三個月，我開始陸續恢復之前的工作，同時往前推進三個大專案。在第四個月時，整個公司的三個項目月營收 450 萬。

　　在這個過程中，我都是全職在家辦公。我有一個三人的小團隊———Emma、春瑩和梅芳。

　　2019 年，我和知名公眾號「薇安說」創辦人薇安以及「朋友圈行銷第一人」阿佳兩位老師一起合辦了一個新公司：Queen 時代。

　　我用親身經歷證明了一句話：人生，沒有什麼不可能！即便你只是一位來自普通公司的普通員工或者是一位全職媽媽。

　　回到開頭，當我從「在行」拿到獎盃之後，在發表獲獎感言環節，我分享了自己最近一年來的故事；頒獎環節結束後，到了行家交流環節，我被隔壁組的行家邀請過去，分享我打造個人品牌，並且影響了那麼多人的經驗。

　　我講了自己如何從「在行」這個平臺借勢，開啟了副業賺錢之旅。2015 年，我還是一家外企的項目經理，因為工作比較輕閒，我開始研究個人成長方面的東西，並從那個時候開始，有了做副業的打算。

那天的時間很短，只能做一個簡短的分享，而現在，我把所有與副業賺錢相關的案例、方法、思維、管道等，寫成了一本書。

同時，這本書的同名音訊課也在網上熱賣。如果你覺得看書不過癮，想要聽音訊課，可以關注我的微信公眾號（ID：Angie20160120），後臺回覆"副業"，即可獲得課程版的報名連結。

在整本書的最後，還會有三篇我的讀者朋友的故事分享，相信也一定能夠給你帶來啟發。

接下來，介紹一下閱讀這本書的正確打開方式。

第一遍，通讀整本書，並做適當的標記。

第二遍，挑馬上就可以用到的方法，精讀後寫下自己的行動計畫清單。

第三遍，隨身攜帶或者是放在床頭，遇到副業賺錢相關的問題時，拿出來翻一翻，你會找到靈感和具備參考意義的方法。

最後，我要感謝很多人。

我的老公，劉先生，我們認識近 20 年，戀愛 17 年，對對方都是無比地支持和信任，讓我的這份努力和奮鬥，更加有意義。

我的助理團隊們，Emma、春瑩和梅芳，她們都有正式的工作，非常感謝這三位助理一路的信任和跟隨。

我的孵化平臺「價值變現研習社」的所有社員，他們在我的平臺上成功探索了自己的副業並賺到了錢，讓我更有信心寫出這樣一本書，幫助更多的人探索自己的副業。

　　我的新項目合夥人 ——— 薇安老師和阿佳老師，期待我們的「Queen 時代」幫助更多的女性實現獨立、智慧和優雅的人生。

　　我的第二本書的編輯：亞丁老師，給了我很多建議。

　　還要感謝你 ——— 親愛的讀者們，如果你們閱讀完本書，有不錯的收穫，別忘了多購買幾本，送給身邊的朋友們。期待你們能在副業探索之旅上，走出屬於自己的康莊大道。

Angie

2019 年 3 月

第一章 ▶▶

副業賺錢，
從改變你的思維認知開始

第 1 節

對號入座，帶你找到探索副業的五種形式

近兩年來，探索副業成為一種潮流，與之相伴的是一個很酷的詞，叫「斜槓青年」。

「斜槓青年」一詞來源於英文「Slash」，出自《紐約時報》專欄作家麥瑞克・阿爾伯寫的書《雙重職業》，指的是一群不再滿足「專一職業」的生活方式而選擇擁有多重職業和身分的多元生活人群。比如我們熟知的臺灣「文案天后」李欣頻，她在廣告人、作家、教授、旅行家、演講家等各種身分之間自由切換，遊刃有餘。

在真正探索副業之旅將近三年的時間裡，我通過大量的閱讀、學習和實踐，將分享給大家五種探索副業的組合方式。

我們先來看一下第一種探索副業的組合方式：

鐵飯碗＋興趣愛好組合。

鐵飯碗是指工作相對穩定，時間相對充裕，但收入比較一般的一種職業。

興趣愛好的範圍比較廣，可以是大眾的這種閱讀、演講、寫作技能類的提升，可以是從小到大的一些愛好，比如從小喜歡畫畫、表演等，也可以是一些先天的優勢，比如聲音很好聽，或者是長得好看並且很喜歡護膚、穿搭等。

這種組合模式更適合工作上有比較多空餘時間，又渴望擁有更多彩的人生的一類人。

以我的故事為例，2015 年初，在漸漸適應了所在外企的工作節奏後，我每天會多出一大段閒置時間來。

起初這些時間幾乎是完全被浪費的，經歷了一段迷茫期後，在完成工作之餘，我開始了大量閱讀、學習的自我提升階段，幾乎每天要閱讀一兩本書。書讀得多了後，我發現自己漸漸有了分享的渴望，最初的分享方式是對自己學習後的階段性梳理：分享給自己看。

這就是穩定收入＋探索興趣愛好的階段，在這個階段，我的興趣愛好沒有給自己帶來任何的收入，但卻為之後的副業賺錢之旅打下了堅實的基礎。

如果你目前的狀態是工作之餘有比較多的時間，而你又暫時沒有跳槽的計畫，建議不要再把時間花在逛淘寶、和同事閒聊上，而是開始探索自己的興趣。

在這裡，我還要提醒大家一點，剛開始不用太介意一定要學習固定的一類內容，如果你花過多的時間在思考自己的定位上，反而容易導致遲遲無法行動起來。

另外，關於如何深挖興趣，我將會在「優勢挖掘篇」有詳細的展開。

除此之外，你還可以選一些工作上也能用到的技能，比如說你是銷售，在空餘時間裡，可以把精力放在提升自己的溝通表達能力上。這種技能不僅對工作本身的提升很有幫助，對你未來開展副業也會有很大的幫助。

我們再來看一下第二種探索副業的組合方式：

<u>左右腦組合。</u>

這是一種理性思維與創造性思維共同發展的模式，就像一個電腦程式員精通程式設計，同時又喜歡寫文章一樣。

理性與藝術其實是非常好的互補，可以給我們帶來更開闊的思維。

仔細對照，在工作上，我是一名營運總監；在業餘生活當中，我擁有自己的個人公眾號，需要大量的文字創作。

說實話，這兩個崗位所運用的並非界限非常明顯的理性思維與創造性思維，但確實也屬於左腦和右腦共用的組合。

在探索副業之旅中，很多人會好奇，為什麼我不回歸運營工作，而是選擇了和運營完全沒有關係的寫作愛好。

左腦＋右腦的組合非常好地解釋了這兩種身分存在的合理性，並且給我帶來了更開闊的思維，我完全樂在其中。這種組合方式，更多的是告訴你要用心去探索，而不是習慣性地自我暗示做不到。我們只有相信自己，不質疑自己，才有機會把事情做得越來越好。

我們再來看看第三種探索副業的組合方式：

<u>腦力＋體力組合。</u>

這種模式能夠讓人很好地在腦力勞動和體力勞動中相互切換，確保身心的健康以及生活的平衡。

事實上，對於腦力工作者，如果能夠發展出一個體力勞動的副業也是個挺不錯的選擇。

對我自己來說，我並沒有真正發展自己的體力勞動身分，但是我酷愛跑步。

我跑過馬拉松，速度為六分多鐘每公里，也很喜歡每天通過跑步的方式鍛煉身體，確保我有足夠的精力來完成主業＋副業帶來的高負荷的工作。

很多人會認為，要完全把工作之餘的時間用來探索自己的副業，才有可能把副業真正發展起來。這其實是錯誤的。也有很多人存在這樣一個誤區，認為自己忙到完全沒有時間鍛煉身體。

其實，如果想讓自己處在良性迴圈中，同時做好主副業，一定要重視精力管理。我將會在本書的最後部分贈送我的「精力管理術」給大家。當然，我身邊也有「腦力＋體力組合」探索副業成功的例子。

我的朋友 G，正職工作是一名財務人員，她特別喜歡跑步，業餘時間幾乎都用在研究跑步和到處去跑馬拉松上，前段時間還自學拿到了營養證書，現在從事的副業是教別人如何科學健身和飲食，從而達到塑身效果。

這就是「腦力＋體力」的最佳組合，每一次見到她，都覺得她的狀態特別好，也特別羨慕她，把副業做好的同時就已經是做好了精力管理本身。

接下來，我們來看第四種探索副業的組合方式：
<u>寫作＋教學＋諮詢組合。</u>

五種方式當中，我最喜歡這一種，三種身分可以形成完美的迴圈推動。寫作可以讓我通過文字梳理並表達自己的觀點，教學

能讓我通過說的方式分享知識並同時傳達自己的能量，等經驗足夠又可以開展諮詢。

我身邊完全具備了這三種身分所需要的技能的人少之又少，一般情況下，從事培訓工作、銷售、諮詢師或者教師工作的人，會比較容易從這個方式進行突破。

我的學員中有一個高中老師 Y，在約了我一對一諮詢後，就定位在這個組合中。

她通過寫作，以文字的形式讓更多的人知道自己。隨後她學習了職業生涯規劃，成為職業生涯規劃師。一開始她靠給別人做公益諮詢積累經驗，隨著能力越來越強，她開始收費，最高時可以收取高達上萬元的諮詢費。知名度越來越高的同時，Y 創辦了自己的訓練營和社群，也多次受邀到多個地方開展演講。

對於大部分人來說，也許已經在自己的專業領域積累了很豐富的職場經驗，但是寫作和演講的能力不足，無法很好地通過某些管道分享出去。但對於 Y 來說，她早就在職業生涯當中將自己的寫作和演講能力鍛煉了出來。一個人一旦能對自己所具備的知識進行梳理和整合，他的表達能力就能大大提高。

雖然我從事的不是教師工作，但畢業後一直從事與銷售相關的工作，表達能力自然不差，再加上一直都很喜歡學習，自身的職業經驗也很豐富，因此這個組合也非常契合我最開始探索副業時的狀態。

最後，我們來看第五種探索副業的組合方式：

<u>一崗多職能。</u>

一崗多職能是指一個崗位負責多個工作職能的內容。

先問大家一個問題，如果你的上司找你，問你想不想做小組長，帶領幾個同事一起做項目，你的第一反應是什麼？

在工作到第三年的時候，我所在的部門開始嘗試把員工分成兩組，由組長帶著進行全方位的對決。

組長是怎麼產生的呢？自己主動申請。因為成為組長後，工資並沒有增加，資源也不會有多少的傾斜，這就意味著，你的工作量要變大，但你不會獲得額外的收益，所以部門的很多老同事都不願意申請。我聽到很多人私底下討論：誰會這麼傻啊？！

也許當時還年輕、有衝勁，我就主動申請當了組長。

在職場上，每個人都有大把的機會拿同樣的工資，做更多的事。我相信大部分人會選擇避免做更多的工作，我也不止一次收到讀者給我的留言：公司又安排了一些分外的事給自己做，該如何拒絕？

如果你真的想讓自己成為一個值錢的人，主動抓住機會吧。在你尚未能識別機會之前，每一個機會都可以試試看。就連識別機會的能力，也是在不斷試錯的過程中獲得的。

我們要做的是想盡辦法，提高自己的工作效率，把自己的工作做好之餘，去尋找更多的可能。公司其實是挖掘自己的能力最好的平臺，一是你可以借公司的勢能；二是試錯的成本很低，還有工資拿。

如果你的公司可以給你提供做項目，外出接觸更多資源，成為組長的機會，你一定要牢牢把握住。因為這些機會不僅要求你有非常全面和綜合的能力，而且也需要你涉入更多的職能領域，

對你的能力鍛煉有很大幫助。當你在職場上獲得鍛煉後，也就能為自己未來探索副業做好最充分的準備。

在擔任互聯網運營總監一年多的時間裡，我從事過產品經理、專案經理、市場推廣、資料分析等數項工作，正好也符合一崗多職能這一類型。

這也是為什麼我在探索副業之旅上，會相對順利很多，因為我已經做好了準備。

如果你暫時找不到副業探索的項目，還有一個最好的方法是利用好公司的平臺，把工作當成事業來經營。

下面，我來總結一下本節的知識要點，幫助大家更好地吸收和掌握。

本節我一共分享了五種探索副業的方式，它們分別是：
1. 鐵飯碗＋興趣愛好組合，適合工作穩定、內心有想法的你；
2. 左右腦組合，適合理性與感性思維並存的你；
3. 腦力＋體力組合，適合愛運動的上班族；
4. 寫作＋教學＋諮詢組合，適合從事培訓、銷售、高校老師等崗位的你；
5. 一崗多職能，適合想深挖自己職業生涯的你。

朋友們，如果你正打算探索自己的副業，不妨試試從這五種方式中找到最適合你的一種！

最後，給大家佈置一個思考和踐行（編按：實踐）作業：

請結合自己的情況，從本節提到的探索副業的五種方式裡找到最適合自己的一種，並寫下你接下來的 1－3 個行動計畫。

第 2 節
找準時機，開啓副業賺錢之旅

我先來給大家分享兩個故事：

A 同學畢業近三年了，對自己的工作得心應手，也積累了一定的能力，工作之餘有比較多的時間，因為還蠻喜歡自己的工作的，近期並無跳槽的計畫。

B 同學同樣畢業近三年的時間，最近剛跳槽到一家新的公司，還在工作適應期，暫時還沒有找到自己在新崗位的價值，壓力也比較大。

請問大家，A 同學和 B 同學，誰更適合探索副業？

我想很多人都會選擇 A 同學。

副業賺錢這個概念火 (編按：熱) 了之後，身邊有太多的人想要探索自己的副業。但卻有很大比例的人像 B 同學一樣，明明自己的主業一團糟，卻想著從副業上找到機會突破。我並不是說主業做不好，副業就一定不會有機會，而是說，如果你連主業都搞不定，你的能力和狀態也很難支援你成功地探索副業。

所以，找準時機第一點，你需要確認自己目前的狀態。

簡單來說，我們要先把自己的狀態調整好，才能夠抓得住外部的機會。

狀態的維度，我會從時間、精力、價值感這三點進行展開，讓大家真正明白並面對自己的現狀。

首先，整理你的時間狀態。

如果你在工作上駕輕就熟，已經很空閒了，時間對你來說不是問題。我們重點說說忙碌狀態下該怎麼辦。你要釐清一點，你是因為效率低而忙碌，還是效率已經很高了，但是工作量實在太大而忙碌。

如果是前者，你需要做的是提升能力進而提升工作的效率。

如果是後者，你未來是計畫想要主副業一起發展的，應該儘快把正在從事的這份佔用你大量時間的工作中的優勢，比如資源、人脈、能力等，盡最大努力利用、發揮好。然後跳槽到相對空閒的崗位上，再考慮主副業同步發展。

在這世上，魚與熊掌確實是無法兼得的，在不同時間段認清自己的現狀，並不斷調整自己努力的方向，才是王道。

其次，瞭解自己的精力是否充沛。

你有沒有定期鍛煉身體的習慣？

如果一份主業的工作，已經讓你筋疲力盡，對許多事喪失了興趣，你應該先重視自己的精力管理。

因為主業＋副業同時推進，需要你擁有更好的精力狀態。

這就像是你同時打了幾份工一樣，如果精力狀態很差，只會搞垮你的身體。

近些年，我們頻頻聽到一些創業者因為高強度的工作而失去了生命，所以，在梳理自己的狀態時，我一定要提醒你，你要學會精力管理。

關於如何做好精力管理，我將會在本書末尾贈送三個特別實用的方法給大家，教大家如何識別自己目前的精力狀態，更好地

管理自己的精力。

最後，明確自己正在做有價值的事情。

你正在做的事情，是否能夠體現自己的價值？還是說，你只是為了拿一份工資（編按：薪資）在堅持做著無法體現自己價值的工作？

如何判斷一份工作是否有價值呢？有以下幾個標準：

1. 你的工作本身存在提升的空間，並且你會願意去研究如何才能提升；
2. 你的老闆願意給你指導、建議和回饋；
3. 如果工作做得好，你有升職、加薪的機會。

如果你能找到主業的價值，這個價值感也不需要你持續對工作充滿著熱情，而是你知道怎麼做，能讓自己更值錢，你也同樣可以找到有價值的副業。

因為這一類人，他會習慣去為自己要做的事找到背後的驅動力。

可能你會說，我正因為是對自己的主業失望，才想去探索副業。

其實無論你做什麼工作，都會遇到類似的問題。

如果你不提升自己的價值，具備解決問題的能力，工作一樣會做不好。

找準時機第二點，狀態確認好後，充分利用好「二八法則」。

如果你已經完全準備好了，像開頭故事版本中的 A，主業＋副業的占比可以是 20% 的時間和精力花在主業上，80% 的時間和精力花在副業探索上。

你不必為自己花在主業上的時間太少而內疚，因為企業更看重的是你把工作做好。

這個情況下，你的心態必須調整成你是為自己的整個人生價值在努力的。

我的學員小東，就是屬於這樣的情況。

小東是一名體制內的員工，工作非常得心應手，在以往，工作空閒之餘，他更多的是主動從單位裡找事情幹，因為他覺得自己還很年輕，不想被「溫水煮青蛙」，變得對什麼事都沒有了追求。在接觸副業這個概念後，他發現自己工作當中練成的 ppt 技能，很適合探索副業，於是開始在上班空閒下來的時間，大量研究 ppt 相關的教學技能，比如 ppt 通用範本的製作、ppt 實用技巧的整理等。

現在，他的副業有兩個維度，一是一對一幫別人根據真實的應用場景製作 ppt，按份收費；二是設計了一套適合大眾學習的初級 ppt 課程，設定了價格，大家自行購買和學習。

小東目前的情況是依然保持著主業＋副業齊頭並進的狀態，主業的工作高效完成，副業的探索也有條不紊地向前推進中。

另外一種情況是，如果你目前主業的狀態還是一團糟，像開頭故事版本中的 B，對於主業＋副業的占比，建議你還是花 80% 的時間和精力在主業上，20% 的精力和時間去關注外部的機會並做對應的嘗試。

把主業理順的同時，你的能力會得到倍速的增長。而 20% 的時間去關注外部的機會，又讓你隨時瞭解動態，一旦有合適的機會，可以果斷嘗試。

　　我的學員 L 今年才剛剛畢業，無意中他發現有很多同事都在開展自己的副業，並且收入還超過了自己的本職工作。他非常焦慮，於是慌忙在朋友圈找了一個項目。交了一大筆錢後，他發現以自己的能力，根本無法做好項目，最後不僅虧了錢，狀態也變得更糟糕。

　　如果你剛畢業不久，或者剛跳槽換了新的工作，建議你先把主業做好，不要一心想著探索副業。當然，在這個階段，也不是完全不能探索副業，多出來的時間和精力，可以花在自我技能的提升上，隨著能力的提升，為自己未來探索副業做好充分的準備。

　　<u>如果你身邊已經有很多人在探索副業上做了一些很好的項目</u>，比如微商 (編按：微信 Wechat 軟體裡面，有一個功能叫做朋友圈，類似台灣常用的 Line 動態消息，也是透過社群軟體，讓好友們了解我們的生活與近況，剛開始的「微商」多是個人在微信朋友圈裡，發佈產品訊息及廣告，也就是在微信朋友圈裡做生意的商人，簡稱「微商」。相對入口網站的傳統電商，微商具有投入小、門檻低、傳播範圍廣等優勢，較容易滿足個體的商業行為。)、社交電商等，而你也確實想讓自己的人生多一些可能，這種情況下，建議你不要放緩主業的發展，有計劃要跳槽的，也可以暫時留在原來的公司，在業餘時間嘗試去探索副業。剛生完寶寶的寶媽，也可以考慮一邊帶小孩一邊嘗試做副業。

　　嚴格意義上來說，做任何事情都不存在最佳時機，因為你做了選擇後，也就相當於放棄了另外一種選擇的可能。但是如果你足夠成熟，你得想明白，比做選擇更重要的是為你做的選擇負全責，選擇了，就努力做到最好。而且，沒有任何人規定你，選擇

了就只能一條路走到黑，如果選了一條確實不適合自己的路，及時止損，也是非常明智的一種做法。

以上就是我們本節的主要內容。本節的要點是：如何找準時機開啟副業賺錢之旅。每個人先通過三個維度，分別是時間、精力、價值感來分析和確認自己的狀態，然後調整自己在主副業時間和精力上的投入占比，而不是看到別人探索副業風生水起後就貿然加入，導致主副業都得不到好的發展，最後以失敗告終。

最後，給大家佈置一個思考作業：

根據本節中提到的「二八法則」，<u>你計畫如何對自己的主副業進行分配呢？為什麼會選擇這樣分配？</u>

第3節
三類身分，升級你的副業賺錢效益

接下來，我將從三類身分的角度，幫你升級副業賺錢效益，讓我們在副業賺錢之旅上持續「升級打怪」。

就像主業上的升職加薪一樣，每個人都期待自己做一件事，能夠越做越好，探索副業也屬於這個維度。

在這一節中，我將會把主業＋副業結合在一起，告訴大家不同階段的你，該如何升級式地探索自己的副業。

首先，我們來看看第一個身分：

<u>資源者。</u>

資源者是指擁有資源的人，這個資源可能是你具備的技能，比如你是銷售，具備很強的談判能力；可能是你工作當中能連結到一些人脈，比如你是市場部經理，能拿到所在城市性價比很高的可以用來辦活動的場地；也可能是你的時間，你可以決定自己把時間花在哪裡。有些人雖然擁有資源，但還不清楚自己該怎麼利用這個資源賺到錢，處在比較初級的副業探索階段。

這個階段更多的是去累積。

從技能部分來說，可以更加深入地去學習談判的技巧，也可以學習一些有助於談判能力提升的附加能力，如溝通能力、心理學等。

從人脈部分來說，我身邊有很多人有機會接觸到很好的人脈資源，卻從來不知道珍惜。

去年有個學員 S，諮詢了我如何才能更好地打造個人品牌。她的本職工作是市場部負責聯絡場地的一名員工，和她聊完後，我建議她要留意這方面的人脈和資源的經營。果不其然，去年年底，她所參與的一些社群有許多人因為辦年會需要找場地，她借此成功連結和認識了很多人，後來她把自己定位在了人脈經營這個維度上，知名度越來越大。

其實，這個階段累積的能力，並不是說以後就只能定位在這個點上，你可以藉此作為切入點，最終找到自己喜歡又符合市場的定位標籤。

擁有資源者身分的人大部分比較年輕，畢業的時間在 1—2 年，賺取金錢的方式，大多是出售自己的時間。

出售自己的時間可能是主業上的一份工資，也可以是副業上按時間獲得的一份收入，比如我的助理 Emma，她在今年剛畢業時，主業是一家教育機構的運營人員，副業是我的私人貼身助理。兩種身分兩份工資，都是以出售時間的方式拿相對固定的工資。

在這個階段，無論是主業還是副業，選擇的空間較小，賺取的金錢也相對固定。

接下來，我們來看第二個身分：

配置者。

配置者是指你對自身的資源，有隨意調配的能力。

表現在職場上是，你對自己的工作得心應手，不怕喪失競爭力，你具備一定的能力，在職場上也積累了一些人脈。如果要換

工作，不再需要通過常規投簡歷的方式去找工作。

表現在副業上是，你所具備的能力和資源，可以比較快速地遷移到另一項副業中，並且可以同時進行多種副業身分的探索。

一般情況下，畢業 2—5 年的職場人士，會是配置者身分的擁有者。經過多年能力的歷練和經驗的積累，無論在職場上還是副業探索上，會擁有比較多的機會；無論任何一個機會，都會非常明確自己的身分標籤。

以我自己為例子，2015 年，工作之餘，我先是大量閱讀學習，後來無意中加入深圳當地的一個讀書會，開始參與各種各樣的線下活動；再後來，又發現了一個諮詢師平臺，以自己職場上的技能去申請成為行家，每個小時的諮詢費用 69 元 (編按：人民幣，以下同)。

我線上參加打卡型學習社群的同時，也花了很多的時間研究如何進行科學家庭育兒，並且把自己的經驗分享到社群裡，居然連結了當時打卡社群的主理人吉吉，她邀請我到她的母嬰平臺寫育兒文章，每個月給我 2000 元的收入。

我在開始有副業收入的第二個月，所有副業收入加起來就突破了五位數。

在副業收入突破五位數的同時，讓我對自己的主業也有了更多的期待，我不想繼續待在當時的企業裡養老。在朋友圈發佈了自己的想法後，也發給了一直有聯繫的獵頭 (編按：獵人頭業者或公司) 表示自己有換工作的想法。在獵頭和朋友們的介紹下，在短短兩個月的時間裡，我拿到了五個 offer。

這個時候，我同時開通了自己的公眾號，把諮詢費用由 69 元漲到了數百元，減少諮詢約見者數量，把更多的時間花在了經

營公眾號上。同時，育兒的文章也在繼續寫著，每個月穩定拿 2000 元的稿費。

再後來，我開始了第一個以時間管理為主題的線上收費訓練營。在那個階段，我放棄了育兒文章撰寫，把所有的業餘時間花在訓練營和做諮詢上。

以我助理為例子，因為主業＋副業都與社群運營相關，今年 (編按：2019 年) 年初，她與我另一個助理聯手打造了社群運營課，副業的身分也越來越多，當然收入的管道也越來越多。

最後是第三個身分：

「資本家」。

「資本家」是指你不再只是通過自己的資源賺取收入，而是可以盤活 (編按：活用) 身邊的資源。

職場上體現為升職成一個區域或者是一家公司的管理者，你不再只是負責單一版塊的工作，而是同時管理多個不同職能的部門，你可以調配整個公司的資源。同時，你不再只是單一的工資收入，而是可以通過自己的能力，持續完成公司的 KPI，相對應獲取高收入。

副業上你不再只是單一地通過出售自己的時間獲得收入，而是開始把自己的成功模式提煉出來，帶動一批人一起做事。

在互聯網時代，畢業 5 年以上的人士，更可能擁有「資本家」的身分。如果在傳統企業，至少需要畢業 10 年以上。

這個階段的你，應重點聚焦在個人品牌的模式化上。

我是從 2017 年 1 月份開始有了資本家的嘗試的。

我建立了一個孵化式社群「價值變現研習社」，凡是參加這

個社群的人，我會幫他們打磨課程，並在我的公眾號、朋友圈進行推廣，所有的收入都會進行分成。

在這個階段，我不再需要親自講課，就可以獲得收入。

本節提到了許多種我自己的副業收入管道，我也會在之後「副業賺錢蓄水池：搭建你的多維收入管道」一節裡，對自己的收入管道做一個全面的講解。

以上就是我們本節的主要內容。本節的要點是：三類身分，升級你的副業賺錢效益。

這三類身分分別是：

資源者：有意識地積累你的副業能力和資源；

配置者：盤活自身資源，做好副業身分探索最佳配比；

資本家：盤活並孵化身邊的資源。

三個身分，帶大家升級式探索自己的副業。

最後，給大家佈置一個思考和踐行作業：

請結合本節的內容，對號入座，看看目前的你正處在哪個階段，並列出自己相對應階段的 1—3 個行動計畫。

第 4 節

副業賺錢的三種複利思維

副業賺錢有三種複利思維，這三種複利思維，讓我們在副業賺錢之旅上更加事半功倍。

在分享每一個知識點之前，先讓大家瞭解一下複利的含義。

複利最常應用的領域是投資領域，比如你基金定投 1 萬元，假設年投資回報率是 10%，一年產生了 1000 元的利息，下一年你的投資金額就變成了 1 萬 +1000 元，10% 的利息是 1100 元，這個就是複利。

我們本節的定義是很簡單的，副業賺錢用到的複利是指，做一件事可以產生積累式效果。

我們先來看一下本小節的第一個知識點：複利思維之產品複利。

產品的概念是很廣泛的，如果你是像我一樣做知識付費的，那麼你的內容是你的產品。

如果你是做母嬰用品社交電商的，母嬰用品是你的產品。

其實現在副業的選擇是可以有很多的，所以選什麼才是最關鍵的。

我所理解的產品複利只有一個標準：

知行合一。

你只分享自己做到的內容。

你只賣自己用過的用品。

就拿現在很多人都在學習和考取從業資格的職業生涯規劃師來說，以下兩個故事就能很好地看出是否具備產品複利思維。

A 學員：

畢業 10 年，從業經驗豐富，在職場上跳槽過、升職過、轉行過，也遇到過各種各樣的坑。

B 學員：

畢業 10 年，從業經驗單一，一直在體制內工作。

我想請問大家，A 學員和 B 學員，誰更合適成為一個職業生涯規劃師？

毋庸置疑，是 A 學員。

只有真正做到知行合一，你才能由內而外非常自信地把自己的產品分享給別人。

聽完第一種複利思維後，我們再看下第二種：

複利思維之能力複利。

幾乎是每一天，我的公眾號後臺都會收到類似的提問：Angie，我很迷茫，我想改變，但是我不知道該做什麼。

先分享蔡康永說過的一段話：15 歲覺得游泳難，放棄游泳，到 18 歲遇到一個你喜歡的人約你去游泳，你只好說「我不會呀」。18 歲覺得英文難，放棄英文，28 歲出現一個很棒但要會英文的工作，你只好說「我不會呀」。人生前期越嫌麻煩，越懶得學，後來就越可能錯過讓你動心的人和事，錯過新風景。

我的學員 H，在體制內工作了 10 年後，對自己所做的工作產生了深深的厭倦感。

和她做了一場深入的交流後，才發現她最近參加了一次同學

聚會，回來後就開始對周遭的一切尤其是自己的工作不滿意。我一下子就明白了，她的厭倦感，更多的是來源於參加同學會後，受那些發展好的同學刺激，於是對自己產生了深深的不自信和對未知的迷茫，她不知道如果離開體制後，自己還能做什麼。

她在體制內的 10 年，最大的問題是安於現狀和不思進取，能力上和工作後的前三年沒有太多的變化。

我的另一個學員 Q，在大學時期是學生會外聯部部長，常常為學生會的活動去拉各種各樣的贊助，畢業後進了同專業師兄的創業公司上班。創業公司工作的特點是每個人都是全能選手，在做好本職工作的同時，Q 會主動申請去幫助其他同事完成工作。或者是年紀輕輕就敢於負責整個專案的推進，在整個過程中，很容易使多種能力得到鍛煉。

說實話，放在 10 年前，H 的工作絕對是周圍人都特別羨慕的，但是現在 Q 儘管比 H 年輕很多，然而比 H 更加有競爭力。

比起找不到自己的興趣更可怕的是不知道自己會什麼。

比起不知道自己會什麼更可怕的是不知道自己學什麼。

還有一句廣為流傳的話，叫技多不壓身。

當你迷茫、想改變、不知道做什麼時，多掌握幾種能力，總不會錯。

該學習什麼技能，建議大家從這三個維度進行考慮：

一個是你目前正在從事的工作需要用到的技能，如客服所需要的溝通能力，銷售所需要的行銷能力等。

第二種是一些底層技能，如時間管理能力、閱讀能力等。

第三種是副業賺錢比較常用到的技能，如文案、寫作、演講等技能。

關於技能分類，以及如何進行學習，我會在之後的「技能實戰篇」有更詳細的分享。

最後一種複利思維是<u>「成就套路」複利。</u>

這個套路，並不是大家理解意義上的貶義詞，而是指取得成功的套路，或者說做成一件事所用到的思維、方法、流程等。

我自己第一個最賺錢的副業專案是開設了時間管理特訓營。2016 年 4 月，在做了多次公開分享之後，我常常收到一些聽眾給我留言，問能不能向我系統學習時間管理的整套方法。

被問得多了，我萌生了一個想法，那我就做一個社群吧，把想要學習的人集中在一起，我來授課，大家在群裡可以互相交流，遇到難題了我可以幫忙解答。

因為是第一次開設訓練營，當時身邊也沒有其他人做過類似的事情，說實話我內心也是有些怕的。印象很深刻，我寫好了招生文案後，和我的老公說，如果能招到 30 個人，我們就把這個訓練營開起來。

沒有想到文案發出去不到兩個小時，我招到了 200 個人，兩個小時的收入破兩萬。

說實話，當時我是嚇了一跳的，不過很快就鎮定下來。報名的兩個學員主動找我做群助手，很快這個訓練營就成型了。

在那之後，我把做這個訓練營的所有流程、方法、人員的配置全部梳理了一遍，用同樣的方式舉辦了一個又一個訓練營，並且不斷地在第一個訓練營的基礎上升級、改良，都很成功。

到今天這個訓練營已經舉辦到了第 18 期，全網聽過我課的人已經破了百萬。

　　這只是我使用成就套路的一個點，除此之外，我的書的寫作、我的課程體系的梳理，都是在用「成就套路」複利思維。

　　當你做成功了一件事後，要養成去歸納、總結出套路的習慣，下一次做另外一件事時，也別忘了從之前的成就套路裡找些通用的方法。

　　被譽為「管理大師」的德魯克先生，他堅持每三年就要學習一門新學科，這樣的習慣使他學習了經濟學、心理學、數學、政治理論、歷史及哲學等眾多知識領域。新的知識一開始對任何人來說都很陌生，和所熟悉的知識、專業相隔很遠，甚至有點風馬牛不相及，很多時候我們還會抵觸。但這種帶著以前的學習方法，重新歸零吸收新知識的思考狀態，會讓我們的眼界越來越開闊、思路越來越寬廣。

　　我身邊的牛人，向來都是廣泛探索，挖掘一個自己最擅長的興趣後進行聚焦死磕，做出一定成就後，跨界接觸各種領域的知識，這些知識又反過來讓自己對聚焦的興趣有了更好的認識。

　　以上就是我們本節的主要內容。本節的要點是：副業賺錢的三種複利思維。

　　它們分別是：

　　產品複利：持續分享知行合一的產品。

　　能力複利：技多不壓身，掌握真正有用的技能。

　　「成就套路」複利：找到做成一件事的底層邏輯。

　　最後，給大家佈置一個思考和踐行作業：

　　請對自己過往做成功的事做個總結，並挑出一件有成就的事情進行分析，列出做成功這件事的三個最關鍵因素。

第 5 節

投資型 or 消費型思維，拉開你和窮人的差距

我們先來看下本節的第一個知識點：

確認自己是什麼思維類型的人。

自我投資思維相信大家都有，不然大家也不會來看我們這本書。

但開始投資自己這個行為本身，只是投資型思維的第一步。

投資型思維是需要閉環（編按：自我循環）的，稍微不留神，就會變成消費型思維。

我來給大家講三個故事：

A、B、C 三位同學同時購買了我的這套副業賺錢課。

A 同學買了課之後，興致勃勃聽完了第一節，覺得挺實用，但沒有做任何的筆記，也沒有把課上說到的好辦法與自己的實際情況進行思考和總結，甚至是聽了第一節課後，就再也沒有點開之後的課往下聽。

B 同學買了課後，把整套課從頭到尾都聽完了，也做了筆記，但是沒有與自己的實際情況做任何的聯繫，也沒有去思考自己下一步該怎麼做，課程聽完就算了。

C 同學買了課後，認真瞭解了整套課的更新節奏和目錄，為這套課預留出學習的時間，並寫入計畫裡，每一次聽完課，認真做筆記，並列出自己的行動計畫。

現實當中其實還有更多故事，但我相信這三個足以涵蓋 90% 的情況。

C 同學才是真真正正的投資型思維人。

你是這三個故事當中的哪位同學呢？

簡單來說，消費型思維的人，看重的是買買買本身；投資型思維的人清晰地知道，買買買只是第一步，買之後的投資回報才是重點。

我希望你對號入座，並認識到自己的真實狀況。

除了聽課，還有很多行為可以區分出投資型思維和消費型思維的人。

比如買書，很多人只買書、曬書、囤書，卻看不完一本書。

我以前也很喜歡在當當網滿減 (編按：消費滿一定金額後可減免一定數額或數量) 活動時買書和囤書，還傻傻地自我暗示買了就已經是看過了這本書，這就是很典型的消費型思維人。

而現在，我再也沒有參加過任何滿減活動，而是想看什麼書就直接去買，反而更容易看完。

確認自己是什麼類型思維的人，才能面對真實的自己，找到改變的開始和內在驅動力。

聽完第一個知識點後，我們再來看看第二個知識點：

投資型思維最重要的三個點是什麼？

它們分別是：

自我投資哪個領域？

本次自我投資的目的是什麼？

如何才能達到自我投資效果？

以現在很火的知識付費為例，你會不會覺得，上的課越多越焦慮？

那是因為我們並沒有想明白，自己為什麼要上這個課。

我相信，大家看這本書，所產生的效果也不會是一樣的。

每一次進行自我投資時，我們都要問自己這三個問題。

投資領域的問題，表面上看是為了解決我們為什麼要學，更重要的是提示我們的學習內容是否在一個主線上。

自我投資的目的，是為了讓我們為這一次的學習訂一個目標。

還是拿這套課為例，這套課是講副業賺錢的，我們學習的目的如果是為了學如何擴大自己的副業收入管道，那我們聽課的時候，需要重點留意能讓我們拓展收入管道的方法和案例。

簡單來說，帶著目的和問題去學習，更能留意到解決問題的答案。

如果沒有這樣的思維，你就會覺得什麼都想要，最後什麼也拿不到。

我的朋友 G 是這方面的高手，她無論是讀書還是上課，都一定會在學習之前，確定這一趟自我投資之旅需要解決的問題，有了這樣的思維後，她的做事效率非常高。

還有一點是如何才能達到自我投資的效果，非常簡單，你要去行動。

一套課程哪怕有一個點觸發到你，讓你有行動並有收穫，這套課程就值了。

你可以用我的這三個點，去對照自己的每一次投資行為，也可以為你自己的投資行為去建立適合你自己的對照清單，這樣才

能確保自己的投資有真正的效果。

第三個知識點是：

我們要帶著賺回投資的錢的目的去做事。

簡單來說，假設我們花了 200 元購買一套課程，好好消化，將課程內容吸收掉，是一種最簡單的投資型思維。除此之外，我們還需要有把 200 元賺回來的終極投資型思維。

第一個可以賺回 200 元的方法非常簡單，把這個課程推薦、分銷給我們認為適合聽的人，只要他們購買了，就會有直接的收入。

第二個方法是，從本套課程當中，找到一個適合自己的點，開始行動起來，比如後面會講到的「如何通過運營打造高價值付費社群，實現副業賺錢」這節，如果你在看完後也建立了屬於自己的社群，別說是賺回 200 元，數十倍賺回自己的報名費都是很正常的事。

我相信這幾年大家都參加過很多各種各樣的課程、社群，我也不例外。最開始我是不具備賺回錢的投資型思維的，但有了這個思維後，我會開始留意每次課、每個社群裡的賺錢機會。

可能你會說，總是談錢會不會俗？只是談錢就很俗，但談錢的同時你能提供物超所值的價值，不但不俗，還是很棒的相互賦能。

去年，我參加了一個有眾多「大咖」的社群，入營的費用也不便宜，一開始我還挺焦慮的，找不到很好融入整個社群的點，後來是在這個社群的一個小分支機構裡，發現大家對如何做訓練營有很大的興趣，卻不知道怎麼做，我分享了自己的方法給大家，那天，光是收到的紅包，我就賺回了報名費。再加上還有幾個人私底下付費向我諮詢一些操作上的細節問題，整體而言，我賺的

錢是報名費的數倍。

後來，我也建立了一個半年制的「價值變現研習社」，裡面有個學員 P，她做微商已經有近兩年的時間，在學習完我的整個社群運營思路之後，她以同樣的思路快速建立了一個面向微商的一年制社群，為社員提供一些像時間管理、演講、朋友圈行銷等技能的學習和練習場域，短短 10 天的時間，就收到了兩萬塊錢的報酬。關於如何建立社群，我將會在後面的課「如何通過運營打造高價值付費社群，實現副業賺錢」中詳細展開。

最後，值得提醒大家的是，在自我投資上，我們也要有一個理性認知，即任何一套課、一本書都不可能解決你的所有問題。希望這節內容能成為補齊你有關副業賺錢領域知識的起點，在之後的自我投資上，遇到相關的知識，請繼續深入學習。

以上就是我們本節的主要內容。本節的要點是：

第一，通過我分享的 A、B、C 三位同學的故事，確認你自己是什麼類型的人。

第二，投資型思維最重要的三個點：

自我投資哪個領域？

本次自我投資的目的是什麼？

如何才能達到自我投資效果？

第三，我們要帶著賺回投資的錢的目的去做事。

最後，給大家佈置一個思考和踐行作業：

回想一下，在過去的自我投資當中，有哪一次你賺回了投資的錢以及你用了什麼方法賺回了這次自我投資的錢。

第 6 節

有錢人和你想的不一樣：
思維 > 注意力 > 時間 > 金錢

　　思維 > 注意力 > 時間 > 金錢，這個簡單的公式直接表明了我對思維的重視程度，所以我把思維放在了這四個關鍵字的首位。

　　看到這裡，我想先請大家做一件事，如果讓你來排序，你會怎麼排？

　　我相信很多人會把金錢排在靠前的位置，至少不會排在最不重要的位置。

　　有沒有想過自己為什麼會這麼排？

　　這個問題，先放在這裡，我們先來瞭解這四個關鍵字的意思。

　　思維是指你怎麼想，以及你有沒有建立對一個問題產生懷疑和思考的習慣。

　　注意力是指你在做一件事時，是否全身心投入去做，還是只是很努力而已。

　　時間是指，你願意花多少時間去做一件事。

　　金錢是指，你願意花多少錢去做一件事。

　　時間 > 金錢是什麼意思呢？

　　先來講兩種場景，哪個版本更符合你？

　　場景一：你的朋友給你打來一個電話，你放下手中的工作，陪她聊了一個小時，放下手中的電話，你感覺有些不舒服：哇，

怎麼已經 4 點了，不知不覺又聊了一個小時，今晚肯定要加班了。你回到了座位，開始專注自己手頭上的工作。

場景二：一個朋友給你發來一條私信：Hi Angie，我最近手頭有點緊，能否借我 500 元？你內心的想法是：哎，上一次借的 500 元還沒有還，這一次還是先別借給她好了。於是你回答：不好意思，我最近手頭也有點緊！

假設你一小時值 500 元，當有人向你借一個小時或者 500 元時，大部分的人更樂意借別人一個小時。也有人說我不會這樣啊，那我問你，如果別人佔用了你一個小時的時間，你會想要回來嗎？

如果是可以衡量的金錢，你肯定會有想要回來的念頭。我們經常聽到談錢傷感情，卻從來沒有意識到談時間對自身價值的傷害。

在有些人的思維裡，錢還是比時間貴。

再來講一個故事：

小玲的副業是一名諮詢師，每個小時的費用是 300 元。在副業還沒有開始做諮詢之前，她把自己工作之餘的時間都花在了做家務上。開啟副業之後，發現自己的時間不太夠了，做了家務就沒有時間做諮詢，做了諮詢就沒有時間做家務。

如果你是她，會怎麼做呢？

其實非常簡單的做法是，把家務外包，每個小時只需要 50—100 元，就可以請到阿姨 (編按：打掃清潔、做飯等的女士) 把家務活做得妥妥帖帖。

但是小玲一開始卻捨不得，覺得 100 元也是錢，她擠壓了自己的休息時間，最後發現越來越累，家務做得很不開心，諮詢工作也因為休息不夠，注意力無法集中，來訪者也很不滿意。

最後，她才決定花錢請阿姨做家務。做了這個決定後，小玲覺得全身心都很放鬆，諮詢工作也做得特別順手。

為什麼很多人會把金錢排在時間前面？除了金錢是看得見的，而時間卻是無形的之外，還有一個很重要的原因，我們不重視自己的時薪。

聽課的你，知道自己的時薪是多少嗎？

無論是從事主業還是副業，都應該算自己的時薪。

假設你每天平均工作 10 小時，每天的平均收入是 1000 元，那麼你的時薪就是 100 元。你可以算出自己主業的時薪，也可以算出自己副業的時薪，演算法都是一樣的。算出自己的時薪後，很多的做法就會發生變化了：

第一，如何判斷一件事該不該外包？只要外包的成本低於你的時薪，就應該毫不猶豫地選擇外包。

第二，如何判斷該不該跳槽？假如你現在做著的工作，每天工作 6 小時，每個月 8000 元，有一份工作每天工作 12 小時，每個月 12000 元，在知道了時薪概念後，你還會純粹因為月薪變高了而跳槽嗎？

第三，你的時薪算出來後，還會輕易想要浪費自己的時間嗎？

接下來，我們來看第二個公式，**注意力 > 時間。**

先來分享李笑來在他的暢銷書《把時間當作朋友》中提到的一個觀點：

想像有一家銀行每天早上都在你的帳戶裡存入 86400 元，可

是每天的帳戶餘額都不能結轉到明天，一到結算時間，銀行就會把你當日未用盡的款項全數刪除。這種情況下你會怎麼做？

當然是每天不留分文地全數取出！

其實我們每個人都有這樣的一個銀行，它的名字叫時間。

每天早上時間銀行總會為你在帳戶裡自動存入 86400 秒，一到晚上，它也會自動地把你當日虛擲掉的光陰全數註銷，沒有分秒可以結轉到明天，你也不能提前預支片刻。

簡單來說，就是時間是不可逆的，如果你浪費掉了，也就沒有了，所以要學會帶著專注力去做事情，尤其是做重要的事情。

這也是為什麼很多人在 30 歲、畢業 10 年這些人生的關鍵節點突然想明白一些問題時，會覺得恐慌。我們身邊有太多的朋友，時間是很多，但是注意力不夠，一天到晚只是虛度光陰而已。

最後，我們來看<u>思維 > 注意力是什麼意思。</u>

一個最理想的狀態是，我們做任何事都保持注意力的高度集中，但是這樣做其實會很累。

所以思維的含義是，不斷提升自己的認知，從而做出越來越多正確的判斷和選擇，再把注意力放在這些重要的事上。

這也是為什麼近幾年，有非常多的人反覆強調認知的重要性。

所以，我希望大家一定要養成勤思考的習慣，多問為什麼，形成自己的一套判斷準則。

其實，無論什麼時候，我們都不怕做錯選擇，怕的是做錯選擇後不去思考背後的原因，也不去為自己的選擇慢慢建立標準，為自己下一次的選擇去規避掉一些風險。

其實以上所有的內容如果我們能理解到位，都在表明思維力明顯重要於其他任何一個維度。

雖然注意力、時間、金錢這三個詞沒有變化，但是我們看待它們的態度和之後的行為方式都會深深發生改變，不會再時刻覺得只有金錢才是最重要的。

到這裡，我想再問大家和開頭一樣的問題：如果讓你來排序，你會怎麼排？為什麼會這麼排？

希望我們都能做出正確的排序，在做任何一件事時，懂得不是一味地只看到金錢，而是懂得思考，並且合理分配自己的注意力到最重要的時間裡，才能逐漸把事情做到最好。

以上就是我們本節的內容。本節的要點是：

先要弄明白思維、注意力、時間、金錢這四個關鍵字分別代表什麼意思。

其次，在時間 > 金錢這個公式裡，每個人都要試著去算出自己的時薪。

再次，在注意力 > 時間這個公式裡，時間是珍貴的，但如果不加上自己的注意力，時間再多也無意義。

最後，思維 > 注意力是指，我們無法時刻保持注意力，還是要通過自己的思維的提升去抓住更多重要的事。

最後，給大家佈置一個思考和踐行作業：

上文我們提到了每個人都要關注自己的時薪，那麼你的時薪是多少？請試著算一下，然後，問一問自己：你會用一種什麼樣的方法來提升自己的時薪？

第 7 節
先天＋後天，喚醒你的賺錢優勢

我們先來看一下本節的第一個知識點：
三個維度，帶你通過先天優勢，來挖掘你的賺錢優勢。

第一個維度，<u>回憶我們從小就喜歡做的一件事。</u>

在思考這個維度的問題時，一直都得不出答案，於是我重新把自己從小就做過的事一件件地寫了下來，畫畫、做衣服、跳舞，都一一被我否決了，最後寫到閱讀時，我的筆停了下來。就是它，我從小學開始就喜歡閱讀，雖然畢業後因為工作的原因停止了閱讀，但在懷孕那一年又重新開啟了這個愛好。

第二個維度，**想想我們做起來最開心、最享受的一件事。**

對我來說，這件事是分享，我常常在狀態不好的時候，給別人做個諮詢或者是講一節課，就滿血復活了。

其實在最開始，我並不太擅長分享，尤其是講課，我是廣東人，普通話又不是很標準，但是我真的很喜歡、很享受做這件事。

我曾經試過一個月講了 25 節課，講到喉嚨冒火，但是狀態卻很好。

做知識付費以後，除了有很可觀的收入之外，因為享受表達這件事，無論是心態、情緒管理能力，都強了很多，我想這和我一直在做自己喜歡的事有很大的關係。

　　我的私人穿搭師妮妮，她最享受的事就是讓別人變美，我能看到她在做這件事時，眼裡是帶光的。

　　仔細回憶，曾經有哪個場景、片段，哪件事讓你想起來都特別開心和幸福，這件事就是你最享受的一件事。

　　第三個維度，**我們最擅長做的事。**

　　最擅長是指同樣一件事，不一定是自己最喜歡的，但做起來就是比別人上手要快。

　　在這件事上，我的是銷售的能力。

　　我身邊有很多的人都很棒、很厲害，但是卻不懂得行銷自己。

　　我屬於非常普通的一類人，但是我會有意識地行銷自己。

　　這可能和我是市場行銷專業畢業並且畢業後一直從事行銷性質的工作有很大的關係。

　　在我上班的第二年就發生了一件比較有意思的事：公司舉辦年會，我們部門要演一個小品，角色是一名銷售員。小品的主旨是主角覺得自己的銷售能力很強，更重要的是，她還要大家都認可她這方面的能力。最後大家全票通過，一致選我來演這個小品的主角，因為我在部門裡的銷售能力最強。從那之後，我才意識到自己很擅長銷售。

　　每個人擅長做的事一定是不一樣的，除了自己去想自己擅長什麼，我們還可以從同事、朋友口中，知道自己最擅長做的事情是什麼。

　　還有個非常簡單的辦法，你可以在朋友圈發佈一條資訊，讓朋友們評論你身上最強的能力有哪三個。頻率出現最高的那個能

力，會是你比較擅長做的事。而且你還可以從朋友、同事口中得知自己原來還是有挺多優點的。

向我諮詢的學員裡，很多人常常會忽略重新梳理自己的重要性，我希望大家看完這節內容後，可以找一個安靜的週末下午時間，從愛好、開心、擅長的角度出發，對自己過去的人生做一個好好的複盤（編按：重複盤點）。

如果以上三個維度，都沒有辦法給你帶來啟發，那你需要把優勢挖掘的重點，放在後天的踐行當中，在行動中去發現自己的優勢。

我還發現，在探索興趣的路上，大多數人有以下三種現象：

花大量的時間、做大量的測試挖掘自己，最後變成「道理懂了那麼多，卻依然過不好這一生」；

三天打魚，兩天曬網，因為沒有人能告訴自己做的事情是否正確，下不了完全的決心去堅持做一件事，結果往往半途而廢；

總是想尋找捷徑，最後所有的時間都花在了學習方法論上，幾乎沒有幾件事落實到行動中來。

接下來，我們來看看如何通過後天的行動，來發現自己的優勢。這個後天的行動，我取了個名字，叫「環境參與法」。

2016 年 12 月，我的副業收入突破了 30 萬，在分享這個好消息給當時正在參加社群的其他成員聽時，那個社群所在的群主，馬上邀請我在社群裡做了一場分享。

我分享了自己做訓練營的方式給大家後，當時有兩個朋友私聊我說，沒有想到我的這種方式，既能賺到錢，還能幫助到很多的人，這是一份多麼棒的事業。

　　當即，那兩個朋友按照和我一模一樣的形式，把訓練營做了起來，其中有一個朋友公眾號的粉絲比我還要多，現在每個月的收入比我還要高。

　　這個就是環境參與法。你根本不知道這個世界上還有其他人用你完全想不到的方法賺到了錢，但是如果我們和對方在同樣的環境裡，看到了，就一定會相信。

　　這個情況，同時發生在我所孵化的社群裡。我的社群成員基本上是以半年為一個週期改變的，非常明顯的特點是，很多人報名時，會因為自己不夠優秀而猶豫，整個半年過去後，才發現自己比想像中優秀太多。

　　因為他會在這個社群的環境裡，看到一些比自己走得稍微快一點的人，對方是怎麼做的，然後自己可以從模仿做起，再一步步摸索出屬於自己、適合自己的方式來。

　　我的社群成員 D，她在美國工作，MBA 也是在美國讀的，她的主要副業標籤是目標管理導師。在接觸我之前，她根本沒有想到國內的知識付費發展得如火如荼；知道了我之後，她迅速加入了我的「價值變現研習社」。她的內容產品雖然用的是一些美國的先進理念，但方法全部用的是她在這個社群環境裡看到的方法，現在，她每個月的副業收入都有五位數。

　　這是線上的環境。除此之外，還有線下的環境。

　　2015 年年初，我開始接觸深圳當地的一些讀書會。在參加讀書會的活動之前，我每天的生活就只有孩子、老公和工作。在接觸了讀書會後，我主動申請成了讀書會分享的嘉賓，雖然講得不是太好，但那幾次分享，確實讓我意識到我特別喜歡表達自己。

後來，我還主動申請成為讀書會的志願者，並且在短短一個月的時間裡，全程負責辦了一場線下活動，四場線上活動。活動辦得都不錯，借此我發現自己在運營上也有天賦。

我鼓勵大家，多去接觸一些能進行深度連結的線上、線下社群。只有你看到別人的 1000 種活法，你才有機會活出第 1001 種活法。

也別怕自己什麼都不會，只停在觀察和想像中，真的就會處在什麼都不會的階段。

去成為環境中的一個角色吧。

以上就是我們本節的主要內容。本節的要點有兩個，分別是：
一、三個維度，分別從你的愛好、享受、擅長做的事情裡，挖掘先天優勢；
二、後天探索，通過環境參與法，多去直接參與線上線下的社群和活動，看到優秀的人做到了，你也會更容易相信並且做到。

最後，給大家佈置一個思考和踐行作業：

讀完後天探索的方法後，無論是參加線上的社群，還是線下的活動，找到一個你最欣賞的人，主動連結他並向他學習。

第 8 節
一個清單，算出你的賺錢優勢排序

首先，通過上一節內容，如果你找到的興趣只有 3—5 個，第一步是直接把具體的 3—5 個興趣列下來。拿我自己舉例子，我的是時間管理、寫作和人脈經營、完美主義四個點。

值得注意的是，如果我們列出來的就只有一個，那接下來要分享的方法對你的作用暫時沒有那麼大，因為你不需要通過優勢表格法來進行排序和識別，但這個方法可以先瞭解一下，因為等我們想做的事情越來越多後，就一定會用到這個優勢排序法。

接下來，以我自己為例，將會從以下五個維度，理性衡量我在時間管理、寫作和人脈經營、完美主義上的投入。這五個維度分別是：

時間：你真實投入到每個興趣當中的時間值。

金錢：你願意為這個興趣愛好付出的金錢是多少，比如說報課程、購買興趣相關的產品。

狀態：你在做這件事時，你內心真實的感受，也可以叫心流。心理學家齊克森米哈裡將心流定義為一種將個人精神力完全投注在某種活動上的感覺。心流產生時，同時會有高度的興奮及充實感。

交流：在和他人交流時，你總是會想要提起的話題。

分享：你最喜歡的演講分享主題。

算出你的優勢排序

優勢	投入：投入回想 / 投入記錄						
	金錢	時間	狀態	交流	分享	合計	排序
寫作	40	40	50	20	20	170	2
時間管理	30	40	40	70	70	250	1
人脈經營	30	10	10	10	10	70	3
完美主義	0	10	0	0	0	10	4
……							
合計	100	100	100	100	100		

表格上方標題：優勢表單演算法

按一個月為週期，每個興趣優勢在金錢、時間、狀態、交流和分享上的縱向分數加起來分別都是 100 分。

接下來，我將以金錢在時間管理、寫作和人脈經營、完美主義這四件事上的投入為例子，讓大家更好地理解這個表格。

簡單來說，就是假設我們在時間管理、寫作和人脈經營、完美主義這四件事上分別投入 30 元、40 元、30 元和 0 元，那麼按百分比來算，四件事的得分比分別是 30%、40%、30% 和 0%。

金錢的投入，包含你花在買書、買課、向人諮詢等維度。

當然，有時候我們無法區分得很清楚每一項的投入，大概數值也是可以的。

時間、狀態、交流、分享上也是同樣的演算法。

通過這種方法，真實看出每個興趣在時間、金錢、狀態、交流和分享上的分配情況，最後會得出一個分數，從而得知什麼樣的興趣值得自己持續性投入。

拿我自己為例子，時間管理、寫作和人脈經營、完美主義這

四件事上，在沒有用這個表格之前，我以為寫作會排在前面，完美主義會分數很高。

用了這個表格後，發現自己內心最想做的事還是和時間管理相關的踐行和分享，這是我的熱情和優勢所在。

同時發現，在做人脈經營這件事時，我自己內心其實是不太喜歡的。

而且因為這個表格，我會有意識地減少完美主義的念頭，所以完美主義的分數很低。

也就是說，這個表格不單可以算出我們近期的最優勢投入排序，還能幫助我們發現一些問題和戒掉一些壞習慣。

我曾經和學員小兔分享過這個方法，她通過這個表格，發現自己對手賬有極其大的熱情，非常願意投入自己的時間、精力和金錢等在手賬上，最後確認這件事為自己的副業，現在她是圈子裡比較有名的手賬達人。

那是不是有了這個排序後，就全身心地去做最有優勢的事情就好呢？當然不是，針對優勢投入，還有一點需要大家注意的。

也就是「二八法則」的新用法：80% 的時間，投入到你最感興趣的事情當中，20% 的時間探索人生邊界。

80% 的時間投入到你最感興趣的事情當中。

找出你最感興趣的事情後，接下來你需要把最感興趣的事做成一個成就事件。

通過第一種方法，先找出你最感興趣的事情，在接下來的時間裡，花 80% 的時間，把這個興趣打造成成就事件。

為什麼是 80% 的時間？我們每天的時間是有限的，既然找

出了最感興趣的事情，全力聚焦地打造才有可能提高做成一件事的概率。

20% 的時間不斷開始新的嘗試：不停止探索人生的邊界。

這種探索有兩個意義：

一是不斷保持對外界的敏銳觀察力，避免落伍；

二是時刻保持試錯狀態，為做成下一件最感興趣的事情做好事先準備。

新的嘗試最關鍵的作用在於提醒自己，我們不能一直處在原有的知識框架、系統當中。

在整個堅持過程中，我們也需要一些新鮮的血液和靈感，讓我們能夠不脫離趨勢地堅持自己的興趣。

20% 的時間不斷開始新的嘗試，還能夠引領自己從這些嘗試當中找到新的興趣，或者是找到舊有興趣當中的新靈感。

比如說我的時間管理特訓營是我最感興趣的事情，與此同時，我還會隔段時間分出一些精力做一些全新的嘗試，比如說開通新的平臺、持續設計課程、組織線下的活動等等。

人生的邊界是在不斷探索的過程當中打開的，這個探索一旦上癮，會形成正向迴圈，根本就停不下來。

興趣太多，別再說要做減法了，試著找最感興趣的事情，把80% 的時間放在上面，再抽出20% 的時間，不斷探索人生邊界吧。

以上就是我們本節的主要內容。本節的要點是：

通過上一節內容找到自己的幾個興趣點後，算出每個興趣在金錢、時間、狀態、交流和分享上的投入，最後算出一個分數來。同時，80% 的時間，投入到你最感興趣的事情當中；20% 的時間

探索人生邊界，去發現更多的可能。

最後，給大家佈置一個思考和踐行作業：

請結合表單清算法，算出你的優勢排序，找到你最願意投入的一個優勢作為你之後努力的方向。

另外，關注我的公眾號後，在後臺回覆「優勢」即可下載計算優勢的 EXCEL 範本。

第 9 節

精準定位出可以賺錢的三大優勢標籤

我們認識一個人，對對方的印象，除了對方的外貌之外，還有一個很重要的維度，是對方身上的各種標籤。

舉個簡單的例子，我去參加一場活動，在自我介紹環節如果我只是說自己叫 Angie，我相信大家不單記不住我的名字，對我也不會產生任何的興趣。

但是如果我順帶說出一些適合活動場合的標籤，比如說我參加的是知識付費的場合，在做自我介紹時，我說在過去一年的時間裡，全網有超過 100 萬人聽過我的知識付費課程，相信大家馬上就能記住我。

在本節中，我將從身分標籤、能力標籤、市場標籤三個維度出發，帶大家重新梳理自己的定位，讓大家的標籤自帶「吸金力」。

我們先來看一下第一個優勢標籤：**身分標籤**。

身分標籤主要是從我們的職場、生活和專業三個維度出發，找到自己身上的標籤。

以我自己為例子，在職場上，我的標籤是互聯網公司運營總監。

最開始探索副業時，我是在外企當專案經理。

因為已經做了一段時間，對工作相對駕輕就熟，主副業其實平衡得還算不錯，所以當有機會要跳槽到互聯網公司當運營總監時，我是猶豫的，因為如果跳槽過去當總監，雖然工資會漲一些，

但工作必然會更忙，可能就沒有辦法兼顧好自己的副業了。

不過，思考再三，我最終還是決定跳槽過去，原因很簡單，我需要運營總監這個崗位為我背書，並且運營總監的崗位對我未來的創業也會有更大的幫助。

我們每一個想要探索副業的同學，如果你有機會在職業上往更高的崗位走，我建議你不要放棄。

那麼，會不會有一種情況是，職場上並沒有什麼好的標籤可以為自己做副業背書？我先來分享我的學員 M 的故事給你聽。

M 在向我描述她的職業生涯時，說得雲淡風輕，在二三線城市的企業裡做著電商運營工作，她對這份工作特別厭倦，想要轉行。

深入交流後，我發現 M 所在的企業是一家上市公司，而她做電商運營的工作已經有三年多的時間了。在我的反覆指導下，她才想起來，其實每一次大家問她與電商運營相關的知識時，對她的專業能力都是讚賞有加的，而她自己卻不以為意。上市公司三年電商運營從業者，這就是她很棒的職業標籤啊。

我身邊還有很多這樣的學員例子，因為對自己的職業生涯不滿意，進而不去梳理自己的職業生涯標籤，但這個其實是反映個人能力非常重要的因素之一。當然，如果職業生涯確實無可取之處，要不就是爭取在職業崗位上的提升，要不就是去學習和考取職業之外的專業證書，這個是屬於專業角度上的身分標籤。

在生活上，我是兩個寶寶的媽媽。

可能你會說，寶媽多麼普通啊。首先我想說，寶媽真的很不普通，每一個能當好寶媽的人，都是能力超群的人。所以如果你是寶媽，在副業標籤上，大膽地寫出來。

我因為這個身分，吸引了許多和我同頻率的寶媽來到我的身邊和我相互賦能。

在專業角度上，我是職業生涯規劃師。

像我的私人穿搭師妮妮老師，她的專業身分是國際高級形象顧問。

現在還有很多這樣的考證機構可以進修，每個人可以根據自身的實際情況參加獲得。

身分標籤的意義是讓大家在看到我們這些標籤時，能產生身分的認同感。這份認同感，可能是來自於和你一模一樣的身分的人，比如同為兩個寶寶的媽媽；也可能是來自於對你所擁有的身分的好奇和嚮往，比如我是互聯網運營總監，很多人都對運營崗位充滿了嚮往；也可能是有人遇到了相對應的困惑想向你尋求一些幫助，比如我是職業生涯規劃師，很多人會付費向我諮詢一些問題。

講完第一個知識點後，我們再看下第二個優勢標籤之**能力標籤**。

我們向別人展示自己的能力的最主要目的是吸引大家對我們的注意。

從能力的角度來說，有些能力是自帶宣傳優勢的，比如美學行業的形象顧問，本身看起來就很美。

但大部分的能力是隱性的，如果不說，大家是看不出來的，拿我自己來說：

我是 10 年互聯網行業從業者，可以說是從互聯網剛興起時，就已經開始接觸了，是互聯網行業老兵。這是我在互聯網方面的能力。

我是青年作家，因為寫了一本暢銷書《學習力：如何成為一個有價值的知識變現者》，成了暢銷書作家，同時獲得了當當網「年度十大新銳作家」的稱號。這是我的寫作能力。

我從剛畢業開始，就有上臺做演講的經驗，我在 23 歲時就給 400 多個企業家做過廣告產品製作的演講。這是我的演講能力。

但這些能力都是隱性的。

最後一種優勢標籤是**市場標籤**。

簡單來說，市場標籤包含兩個維度：一個是指屬於我們自己的產品的市場標籤，另一個是指你擁有的市場上被認可的平臺上的身分標籤。

從產品的角度出發，如果你是面膜微商，正在銷售的面膜是你的產品。

如果你是像我一樣的知識付費從業者，簡稱知識微商，正在售賣的課程是我自己的產品。那麼，從平臺身分標籤的角度出發，我自己是「在行」諮詢平臺全國排名第一的行家。

在羅列自己的市場標籤時，要注意進行自我包裝，或者是包裝所做的產品，比如我的「時間管理特訓營」，幫助上萬人提升人生效率，微博話題熱度 500 萬＋。或者是包裝自己在市場上被認可的平臺上的人氣。比如我的好朋友 K，他把自己打造為「在行」平臺運營類全國排名第一的行家，也就是不一定要全品類第一，可以找到細分的切入，成為單品類的第一名。

最後，我來總結一下，優勢標籤其實有兩種呈現方式，一種是做自我宣傳時一整排排下來，以我自己為例：

我是：
兩個寶寶的媽媽，
互聯網公司前運營總監，
職業生涯規劃師，

暢銷書《學習力：如何成為一個有價值的知識變現者》的作者，「在行」全國排名第一的行家，

……

這種標籤，可以用在公眾號、朋友圈以及社群做自我介紹時，配上自己的形象照，視覺效果會非常好。

另一種是一句話式的優勢標籤，更適合去參加一些社交場合時做自我介紹用。就拿「全網有超過 100 萬人聽過我的課」這句話為例，可以聽出我的身分標籤是講師，我的能力標籤是會演講，我的市場標籤是全網學員有 100 萬人。

我們不怕自己的標籤不夠好不夠有說服力，只要有打造優勢標籤的意識，標籤會漸漸豐富起來。

建議大家讀完本節後，寫出關於自己的兩種形式的優勢標籤，並在之後不斷完善，形成最「吸睛」、最賺錢的優勢標籤。

通過本節的學習，大家除了可以列出自己的標籤外，對於什麼時候用標籤，標籤用在什麼場合，以及標籤列出來後怎麼表達最精準、最吸引人，相信大家都有了很好的思路。

以上就是我們本節的主要內容。本節的要點是：

第一，身分標籤，從職場、生活、專業三個維度包裝自己的
　　　身分標籤；
第二，能力標籤，亮相自己身上具備的能力；
第三，市場標籤，通過產品連結資源和人脈。

最後，給大家佈置一個思考和踐行作業：

請列出你的自我宣傳標籤，做成海報，並發在你所參加的社群當中，讓更多的人認識你。

第 10 節

答疑環節

1. Angie 老師，您好。聽了您的課後，才意識到了時薪的重要性。非常感謝您給我們分享了這麼好的概念。我該怎麼做，才能提升我的時薪呢？

謝謝提問。

首先，時薪的演算法。我再解釋一次，假設我們每天工作的平均時間是 6 個小時，一個月工作 22 天，月薪是 6600 元，那時薪就是月薪 6600 元除以（每天工作的 6 個小時 × 一個月工作 22 天）=50 元一小時。

其次，為什麼要強調時薪的概念？一是因為很多人不重視自己的時間，算出時薪後，你會更珍惜自己的時間；二是很多人只是看中月薪的多少，根本想不起來還要考慮工作時長，往往是換了工作後，才知道工資雖然漲了，但是工作的時長卻長了很多，算了時薪還是虧的。

最後，怎麼做，才能提升時薪？簡單來說，有三個方向：

第一，同樣的工作量，降低完成的時間。我們可以花時間研究自己的工作，提升工作效率，比如說每天都要做日報，我們可以為自己的日報定制一個固定的範本，這樣每次填報表，就可以按範本填寫，大大縮短了完成的時間。

每個人都應該花兩個小時的時間，好好想想目前有哪些工作

是可以做成範本來節約時間的。

第二，同樣的工作量，獲得更高的收入。比如說，找出工作上和副業中都能用到的能力，像是演講能力，在工作上可以賺到一份錢，副業上通過演講分享自己的經驗又能賺到錢。

再比如說，工作出色完成後，多花一點點的時間向上彙報，上司更加認可你的工作能力，升職加薪的可能性會更大。

第三，一份時間賣出多份錢。如果你是公司負責培訓的員工，舊的思路是每一次有新員工來，你都需要手把手地培訓；新的思路是把一些培訓的內容錄製成視頻，發給新員工自己學習，再集中答疑。

拿我的副業舉例，以往大家問我時間管理的問題，我會一個個回答，現在都會直接把課程的連結發給對方學習，效率真的高了很多。

聽了我的方法後，希望你能在工作和副業當中真正用起來，讓自己的時薪越來越值錢。

2. Angie 老師，您好，我是一名媽媽，寶寶剛出生五個月，我現在面臨一個選擇，因為家裡沒有人帶寶寶，您覺得我是辭職全職帶寶寶好，還是花錢請人帶寶寶，我自己去上班好？

謝謝親愛的寶媽提問，其實這個問題是很多寶媽面臨的問題，你的提問幫助了很多人，太棒了。

首先，從現實的角度出發，就是你所創造的價值，能否大於你請一個保姆所要花的錢。在我看來只要持平或者是多於請一個保姆所要花的錢，你就應該去上班，原因是保持和社會的接觸，不會讓你在當了多年全職媽媽後，才恍然醒悟和社會脫節。

　　其次，還有一個更現實的問題，那就是能否找到一個好的保姆。社會上的虐童事件，讓我們當媽的非常揪心，每一個寶寶都是媽媽的「心頭肉」啊。所以，如果確實找不到一個靠譜的好保姆，我建議還是自己帶，起碼帶到寶寶會表達後會比較保險。

　　有個小小的建議給大家，可以試著從老家找一些親戚來當保姆，我身邊就有很多這樣的例子。

　　再次，如果只能做全職媽媽，那也要做一個從容、有序、愛學習的全職媽媽。

　　比如說，我現在也是在家裡辦公，但是我每天都會擠出時間學習，當然，我家裡是有老人幫忙帶孩子，但我相信，我也會比同樣是家裡有老人帶孩子的媽媽還要自律一些，所以，千萬別以自己是媽媽為藉口，就自暴自棄，什麼都不學，每天只是照顧寶寶。

　　最後，我想說的是，現在有很多副業的進入門檻都很低，比如分銷一門課、做微商等等，我建議寶媽們都可以嘗試去做。我的「價值變現研習社」裡就有好多全職媽媽，她們一邊帶孩子，一邊跟著我做課程。和我關係很好的一位兩個男寶寶的媽媽叫皓媽，業餘時間做塔羅牌速成班的教學訓練營，兩天的副業收入破了一萬塊。所以，建議大家適應了媽媽的角色後，可以挑一些副業來進行嘗試。

　　3. Angie 老師，您好。您分享的投資型思維，對我的啟發特別大。最近這一年，我花了很多的錢在投資自己上，一開始還是很興奮，也覺得收穫很多，但一年過去了，發現和一年前的自己也沒有很大的區別，我該怎麼辦？

　　謝謝您的問題。

　　這個問題其實在第五節「投資型 or 消費型思維，拉開你和窮人的差距」中有很詳細的答案，所以我建議你一定要再去讀一下這節內容。

　　這裡我再做一些補充。

　　先說一句大實話，我身邊和你一樣的人真的有很多，所以啊，你並不孤單。

　　那麼，怎麼做才能讓自己的每一次投資獲利呢？

　　首先，你要知道自己是為了什麼而學習，比如你發現自己總是擠不出時間做一件事，那肯定是你的時間管理有問題，那你一定要系統地學習時間管理方法。你不能為了學習而學習，這樣是解決不了問題的，只會讓自己更焦慮。

　　其次，學習了之後，一定要有輸出。這個「輸出」可以是寫一篇完整的學習筆記，分享給別人聽，也可以是，把課上的方法用起來。比如我今天回答的第一個問題，提到了「同樣的工作量，降低完成的時間」這個提升時薪的方法，你是不是應該花時間去看看自己工作當中有哪些事情可以去建立範本，從而降低完成的時間呢？

　　最怕的是你驚呼一聲「哇，這個方法好棒，好有用！」卻沒有後續的行動。

　　最後，投資在自己身上的錢，要想辦法賺回來，你可以把學習並實踐過的內容，以自己的方式去做一次分享，讓更多的人認可你、打賞你，甚至向你付費學習。

　　還有一點，如果你發現，儘管自己認認真真去學習了，卻還是沒有突破，那一定要注意，這很可能是因為你的學習方法不對。你可以花時間去學一些如何高效學習的課程，或者是向身邊的學

習高手付費諮詢，請他們幫你做診斷。

4. Angie 老師，您好。我雖然對副業賺錢非常感興趣，但是又很怕它影響到我的主業，最後得不償失。這樣的想法讓我很糾結，我該怎麼辦？

謝謝您的問題。

您這個問題其實也特別好，最差的結果就是主副業都發展得不好，那就真的得不償失了。

首先，最保險的方法是，你要讓你的副業反過來可以加強你在主業上的能力和業績。

我的第一份副業是「在行」的行家，第一個話題是「SEM搜尋引擎行銷」，這個話題正是我主業做的工作內容。

所以，那個時候，我的每一次諮詢約見，除了可以給我帶來諮詢收入外，還可以直接給我帶來項目，最好的時候，項目的提成收入是諮詢費的 10 倍。

再舉個例子，如果你是一名運營人員，你的副業可以做公眾號運營，這樣主副業簡直是相得益彰。

其次，你要想明白什麼情況下，副業會對主業造成影響。我認為有兩點：一是被公司的老闆知道了自己在做副業，在這點上，我建議大家可以另外申請一個個人微信號來做副業，或者是用原來的微信號，但是要做好分組設置；二是怕自己的時間和精力不夠，那你就給自己定一個標準，要麼就是上班時間完全不做副業，要麼就是上班時間上下午各擠出半個小時的時間來處理副業的事情，簡單來說，我們要給自己訂立標準、設置邊界，並督促自己不要過界。

第二章 ▶▶
要想副業賺錢，
你需要掌握這幾種能力

第 11 節
如何在職場持續積累你的副業賺錢能力

約我諮詢的學員裡，10 個人中有 9 個人對自己的工作不滿意，他們想發展自己的副業，想辭職成為自由職業者，或者乾脆去創業。

如果大家是因為目前的工作已經無法滿足自己對未來發展的要求而感到不滿意，有辭職創業的想法並不是壞事。

但我還是要提醒大家，千萬別因為自身能力的不足而貿然辭職。

既然不建議大家一衝動就辭職，那麼在職場上哪些能力的持續積累，能為我們的副業做好鋪墊呢？

我們先來看一下在職場上必須持續積累的第一種能力：

目標達成能力。

先問大家一個問題，大家目前所從事的工作，在薪酬方面是拿固定工資的方式，還是固定工資 + 考核獎金的方式？

先來講兩個故事：

A 同學每個月的收入都是固定的，做多做少都不會有太多的變化。

B 同學的平均收入和 A 同學差不多，但是收入的結構是固定工資 + 考核獎金的形式。

你想成為 A 同學，還是 B 同學？我自己屬於 B 同學那種類型。

我相信大部分的人直覺上會想成為 A 同學，在工資一樣多的情況下，相比于 B 同學，沒有多少壓力。但事實是，當你丟掉壓力的同時，你也失去了目標感。

從 2015 年 11 月，第一次有副業收入之後，我每個月都會統計自己的副業收入資料，並且會根據當月的收入情況，訂下一個月副業收入的目標。

我一直以為這樣做是非常自然而然的事情，後來才知道，身邊大部分的人，是沒有目標意識的，更談不上目標達成的能力。

我的這個習慣，最早是在職場上養成的。

我所在的部門，每個月月初一定會做的一件事是，經理會分配當月要完成的業績任務，而我們根據經理的分配，去盤活 (編按：計算) 自己手上的資源，並把目標做相應的分解。

而且，部門做資料的同事，每天都會告訴我們當天完成的目標進度是多少，時間的進度是多少，我們的目標是落後的還是超過時間進度的，這樣我們就對目標的完成情況一目了然。

為什麼要在職場上去鍛煉自己制定目標的意識和培養自己達成目標的能力呢？

因為我們的副業，大部分時候不會像主業那樣一定會要求我們按時完成公司訂的工作量。在毫無約束的情況下，很多人看似在做副業，一整個月過去了，往往毫無進展，更談不上有什麼副業收入了。

所以，在職場上，千萬別反感公司給我們訂目標和工作量，還對我們進行監督。你應該欣然接受，並不斷讓自己去適應有目標的狀態。

這裡，再和大家分享目標達成的一些方法：

　　首先，得有一個目標。如果你是自覺的人，那你要為自己設立一個目標；如果你是不夠自覺的人，一定要讓自己去找有目標的工作崗位。

　　其次，制定目標後，要跟進目標的完成進度，比如你本月的副業賺錢任務是 1 萬，那到了月中 15 日時，你得完成一半，也就是接近 5000 元的任務，才算是跟上了進度。

　　最後，無論有沒有達成目標，都需要對目標做複盤，明白自己在哪些方面做得好可以繼續保持，在哪些方面做得不好需要改進。

　　聽完第一個知識點後，我們再來看一下第二種能力：
在職場上鍛煉你的行銷能力。

　　B 是我個人品牌的學員，看到她的簡歷時，我簡直欣喜若狂，因為無論是知識的豐富程度還是個人標籤，她都完全符合一位導師的標準，但是 B 卻對未來充滿了困惑。

　　仔細聊完後發現，B 的所有能力都是向內的能力，自身是一座寶藏卻無人挖掘。

　　有效的價值提升，絕對需要一系列的向外能力：除了能說會寫，還要會宣傳自己。

　　大部分的人把過多的注意力放在了內功的修煉上，練就一身內功，卻沒有施展的舞臺。

　　也有一部分人，把過多的注意力放在了外在的宣傳上，而忽略了自己內在的真實能力，雖然有些用戶會被你看似漂亮的外表所吸引，但是如果你的內功不夠，這些用戶仍然會中場離你而去。

真正的價值提升 = 向內的能力 + 向外的能力集合

這樣的公式在職場當中也非常適用。

比如我的同事 M，她比普通的銷售員對公司的產品有更好的認識，具有很強的向內的能力，而銷售工作本身也具備非常強的向外能力集合，因此這些年來，她所做的所有事，都使她獲得了價值提升。

普通的職場人士同樣受用。從你進入職場的那一刻開始，你就應該清醒地意識到職場和校園的最大區別：你再也不能僅僅憑藉自己的默默努力拿到一紙好成績而成為萬眾矚目的焦點。你所做的每一件事，都要恰如其分地讓你的上司知道。

為什麼我們都認為外向的人更加容易做成一件事？大部分的情況下並不是外向的人懂得更多，而是外向的人自帶宣傳屬性，他做的事情更容易被大家知道。

所以，我們在提升自己的內在能力時，一定別忘了鍛煉行銷自己的能力。

那麼內向的人，該如何行銷自己呢？

準備一份足夠好的自我介紹，可以參考上文提到的「一段話標籤法」，把這個標籤式的自我介紹背熟，在公開場合就可以自然而然地去表達自己。

另外，內向的人還可以發揮好自己的傾聽功力，聽話時，對說話者做適當的響應和誇獎，其實也能讓對方更好地注意到你。

回到家後，可以花一點時間去思考，如果是自己來表達，怎麼表達自然而不緊張。

最後一種能力是在職場上鍛煉你的管理能力。

一個人能力再強，脫離了組織，都很難會有持續的發展。

這個組織，不一定是指職場上的團隊，也包括你做副業時的小團隊。

通常情況下，我們最有機會鍛煉自己的管理能力的時機是在職場上，所以，我們在職場上一定要抓住任何一個能帶領團隊的機會。

負責一個專案、辦一場活動、組織公司的年會，無論是哪個維度，都要牢牢抓住。

以我自己為例，在探索副業的時候，我已經做了好幾年的管理層。2016 年 5 月，當我第一次組織線上特訓營時，有兩名學員想要申請成為我的助理，我在第一時間就同意了，並快速拉了個小群，形成了一個小團隊。我明白，只有三個人分工協作，才能把整個訓練營的口碑做好，積累自己的第一批種子用戶。

因此，我建議大家一定要具備團隊意識，並訓練自己的管理能力，這樣才能讓副業賺錢這項事業長足發展。

簡單來說，管理能力就是你懂得盤活身邊的資源，包括你的下屬、上司、公司的背書等等。做事情不僅要憑藉自己的能力，也要學會借力。

也就是說，作為管理者，你可以把重要的工作分配給你的下屬，也就是有相應能力的同事；你也要懂得用好你的上司，讓他為你爭取更多的資源；而公司的背書是指，當你去參加活動時，你可以以公司的名氣去認識、結交更多的人脈。

關於如何訓練更接地氣、更有效的管理能力，我還有一個秘密武器，我將會在「專案管理力：一個人如何活成一支隊伍」這

一節裡介紹一些更落地的管理方法。當你進行你的副業賺錢事業時，你要懂得，一個人的能力可以抵得上一個團隊的能力，這樣，三個人的副業賺錢小團隊，也能創造上百萬的年收益。

如果你留心就會發現，我們身邊那些通過副業賺到錢的人，絕大多數都是綜合能力極強的人。

從現在開始，在職場當中有意識地去積累以上三種能力吧，為你的副業甚至是創業做好充分的準備。

以上就是我們本節的主要內容。本節的要點是：

要想副業賺錢，需要掌握三種能力。

第一種能力，目標達成能力。有考核，才能有完成目標的動力。

第二種能力，行銷能力。真正的價值提升＝向內的能力＋向外的能力集合，在職場時就開始樹立自我行銷意識吧。

第三種能力，管理能力。一個人走得快，但一群人才能走得更遠，把握住職場上一切可以提升管理能力的機會。

最後，給大家佈置一個思考和踐行作業：

課程當中提到的三種副業賺錢能力，哪一種是你最想加強的能力？請列出你會用來加強這種能力的一個方法。

第 12 節

寫作提升力：三個方法，
擁有持續寫出好文章的能力

首先，擁有持續寫出好文章的能力的第一點，你得先設定合理的寫作目標，給自己足夠的動力可以持續寫下去。

在最開始，你要能寫出來，或者說，在寫不出來時，會去做更多的輸入，讓自己有機會寫完一篇文章，才是最基礎的目標。

在 2015 年 10 月之前，我的寫作頻率為一年 0─1 篇文章，是的，你沒有聽錯，是 0─1 篇，0 代表一篇都沒有。如果按照平均值四捨五入的嚴格演算法，我活了 29 年，寫作的經驗為零。

2015 年 10 月，我突然開始想寫點什麼。仔細想想，原因應該是有兩個：一是因為閒置時間多了起來，想通過寫作的方式打發一下時間；二是因為看了一些別人寫的文章，覺得寫文章的作用太大了。如果寫得好，可以讓別人瞭解自己的想法、連結到有趣的人。如果寫得不好，對自己的幫助也是很大的，你會在寫的過程中卡殼，卡殼代表你對自己想要表達的觀點瞭解得不夠透徹，需要重新去學習，才有辦法寫出一篇完整的文章。用一句比較時髦的話來表達就是：用輸出倒逼輸入。

如果你現在也想學習寫作，真的一點都不晚，但你要想想自己為什麼想學習寫作。思考清楚之後再去行動，你在寫作時就有一定的自律性。

如果你知道自己為什麼要做一件事，當你堅持不下去時，你

會因為自己最開始出發的理由，再往下多堅持一點。誰都不會想到，有時候就是這麼一句自我激勵的話，讓我們走到了自己都想不到的遠方。

所以，關於寫作這件事，首先要做的是根據自己的真實現狀來制定有梯度的「三步走目標」，我分享我自己當時的「三步走目標」給大家：

第一步，要求自己每天寫 500 個字，如果實在寫不出來，可以抄一些優美的句子，或者試著用文字描述一下自己當天的行程。

第二步，要求自己每天寫 1000 字的命題文章，可以從你喜歡的公眾號或者書裡，挑選出一篇文章，看完後自己也照著試寫一篇，再進行對比，找出自己的不足。

第三步，試著每週寫 3 篇 1500 字—2500 字的文章，可以是關於某個話題的寫作，也可以是關於某本書的書評。由於前面兩個階段的練習已經為你積累了經驗，這個階段的你，寫出一篇文章的問題不會太大。如果還是寫不出來，就回到第二步繼續練習。

其次，擁有持續寫出好文章的能力的第二點，是從身邊挖掘我們的寫作素材，並建立清單庫。

為了寫出一篇像樣一點的文章，我們要窮盡心思，挖掘身邊的寫作素材。

比如，盤點自己過往的人生故事，思考如何把自己的故事寫得有趣一點。

比如，思考做成一件事背後的方法論，比如找到一份好的工作和什麼因素相關？

比如，最開始的時候，我是寫育兒公眾號的專欄作者，為了

能持續寫出育兒文章，我開始大量閱讀育兒類書籍，並且把這些方法運用到我兒子身上，結合以前的一些錯誤做法和自己在育兒方面的心得體會，就能寫出一篇篇高品質的育兒文章。

比如，看到一條廣告語時，會問自己，如果是我，我會怎麼書寫廣告語背後的故事？

比如，發現自己在堅持跑步這方面做得很成功，是因為做了哪些努力？

比如，我是如何把育兒和工作做到相對平衡的？用了什麼方法？

比如，和朋友們聊天，如何從以前的口若懸河，變成現在的多傾聽和多思考，可以將自身的轉變過程納入寫作的素材。

所有的這些，都是圍繞在我們身邊的寫作素材。正是因為有了寫作的想法，我們才會多一雙善於發現的眼睛。

而因為很用心地去收集這些素材，我的寫作靈感越來越多，寫的文字也開始有人看。

在這個階段，表面上看起來寫作素材給了我自己很大的幫助，其實更重要的是我通過寫這些平凡生活裡的素材，帶給了身邊的人更多的乾貨。

比如，當我寫了一篇自己是如何做好一份工作的文章時，看到文章的人就能從中學到一些真實和實用的方法指導。

比如，當我寫了一篇自己是如何管理情緒的文章時，很多人從中知道做什麼事可以讓情緒達到比較理想的狀態。

比如，當我寫了一篇自己是如何打造個人品牌的文章時，很多人就能從中學到如何打造個人品牌的方法。

以上舉的例子，都是我平時收集素材時會想到的維度。除此

之外，我還有建立靈感清單庫的習慣。

建立靈感清單庫，要注意以下三點：

第一，關於建立靈感清單庫的工具，建議用像有道雲、印象筆記這樣的雲筆記，電腦和手機可以同步更新，並且可以進行搜索，隨時都可以記錄靈感。

第二，關於靈感清單庫框架，建議大家先搭建一個分類框架。我個人是按照金句類、故事類、方法類三個類別來分類的。每一次有靈感，就分門別類地記錄下來。

第三，每次寫不出文章時，有意識地從靈感清單庫裡去找靈感。

最後，擁有持續寫出好文章的能力的第三點是：一邊學習，一邊寫作。我將這種方法命名為「主題搜索型寫作法」。

有時候，我們避免不了為了寫文章而寫，就像是有人給你付了稿費，需要你寫特定主題的文章，但是又確實寫不出來，在這種情況下，可以考慮用這個方法。

以寫一篇有關全職媽媽高效時間管理的文章為例：

第一步，找出我們要寫的主題文章的三個關鍵字：

職場媽媽時間管理

全職媽媽時間管理

高效時間管理

第二步，帶著這三個關鍵字，在平時收集的靈感清單庫比如百度、知乎等平臺上進行搜索、閱讀，查找相關內容。

第三步，對搜索出來的內容進行分類和歸納。

對於當下寫作可以用到的內容，比如某些新穎的觀點和案例等，直接用在你的寫作上。

如果搜索出來的內容，當下用不上，可以整理進靈感清單庫，在之後的寫作上也有機會用得到。

這種方法，其實也特別像是一種學習輸入上的查漏補缺，會讓自己對某個觀點的看法慢慢全面起來。

另外，即使最後寫不出一篇文章，這種帶著關鍵字搜索學習的方法，本身也是一種非常好的學習過程，何樂而不為呢？

最後，分享一個和寫作有關的小小的故事：前些日子，我把之前寫的一些文章翻出來看，發現某些文章確實寫得很爛。但我又慶幸，如果沒有那個稚嫩的自己，怎麼會有寫得越來越好的自己呢？就像是當你吃到第三碗飯才開始有飽腹感時，千萬別忘了那是因為有前面兩碗飯的鋪墊。

祝願大家都能越寫越有靈感，書寫出屬於自己的人生篇章。

以上就是我們本節的主要內容。本節的要點是：

提升寫作能力的三種方法。

第一，先設定合理的寫作目標，給自己動力持續寫下去。

第二，從身邊挖掘我們的寫作素材，並建立清單庫。

第三，主題搜索型寫作法：一邊學習，一邊寫出一篇好的文章。

最後，給大家佈置一個思考和踐行作業：

請嘗試用主題搜索型寫作法，寫出一篇文章。

第 13 節

表達突破法：提升表達力，副業收入翻 N 倍

我們每一個人，每一天都需要表達自己。

像上一節講到的，寫作是一種文字語言的表達方式，但在大多數時間裡，我們更多的是通過說話的方式來跟其他人進行表達和交流的，而且良好的溝通和表達方式也是非常多的人所不擅長的。

今天我會從三個維度來分享如何提升自己的表達力，增加讓自己的副業收入翻 N 倍的機會。

我們先來看一下本節的第一個知識點：

拆分表達力，才能更好地提升表達力。

我的學員 L，每一次出場都自帶強大的氣場，但是每一次演講完，卻有很多粉絲離他而去。

為什麼會這樣？因為 L 的表達邏輯不清晰，表達的內容不夠好，大家一聽，會覺得和最開始的出場形成巨大的反差。

L 的故事告訴我們，如果不拆分自己的表達能力，我們很容易高估自己已經具備的能力。因為想要得到一些成就感，我們會不斷地去加強這種能力，這不是一件壞事，但我們要注意到，不具備的能力會讓自己在表達的效果上大打折扣。

表達力可以拆分成以下幾點：

第一，學習表達的套路。我個人最常用的表達套路叫作「總分總模式」。

在最開始的時候提出自己的觀點，然後通過三個維度去闡述自己的觀點，最後在結尾的部分做一些總結和收尾。

第二，學習表達的邏輯性。我們在聽別人表達觀點時，最怕的就是對方表達得非常不清楚。同樣，我們在跟他人溝通時，也很怕做不好這一點。

那麼，如何去加強自己表達的邏輯性呢？很重要的一點是，針對我們想要表達的內容，需要有足夠的輸入。除此之外，在平時就需要養成對學習的內容做三點式總結的習慣，這樣就會大大加強你表達的邏輯性和條理性。

舉個例子，當你閱讀完一篇文章時，可以從三個維度去梳理自己對這篇文章的認知。就像是大家讀完我的這一節後，可以寫下這節內容中對自己啟發最大的三個點。

第三，在表達時保持良好的狀態。如果說你講一段話，沒有能量，不夠自信，聽的人其實是不理解你想要傳達的意思的。

在表達自己的觀點時，聲音大小不是重點，沉穩和自信才是。

沉穩和自信的前提是，對自己要表達的內容爛熟於心。所以，每一次上臺前，請一定要在台下多加練習。

以上三點是我認為對鍛鍊表達力非常重要的三個維度，每個人都應該真實面對自己，將已經做好的東西做得更好，做得不夠好的，一定要面對並且加強它。

聽完第一個知識點後，我們再看第二點：
<u>每天一分鐘，輕鬆提升表達力。</u>

　　這個方法我自己用過，覺得特別好。我也把這個方法分享給我身邊的很多學員用過，他們用了之後都回饋，表達能力會在無形中有很大的提升。

　　每個人都有自己的個人微信。

　　第一步，你要把自己的個人微信找出來，打開微信，在搜索框搜你自己的名字。找到自己的微信後，點擊右上方，把自己的個人微信置頂。

　　第二步，每天早上起床之後，向自己提一個問題。打開已經置頂的個人微信號，向自己提一個問題，再用一分鐘的時間來回答這個問題。

　　在最開始回答問題時，你會覺得還蠻吃力的，因為，一分鐘時間要表達清楚你的觀點會很難。所以，我建議大家一開始對自己的要求低一點，只要能夠回答這個問題就好了。

　　當你能夠流利回答自己每一天提出的問題之後，你就可以進入第三步了，也就是要求自己能夠清晰地、用三個維度的觀點去回答一個問題，並且在一分鐘之內表達完自己的觀點。

　　我再一次強調，這個方法特別好用而且簡單。但需要強調的是，只有堅持鍛煉才會讓自己的表達效果有明顯的提升。

　　另外，為了避免你的問題不夠多，大家在平時就要建立一個一分鐘提問的問題收集清單庫。每一天早上起床之後打開這個問題清單庫，隨意挑一個問題就可以來進行回答了。

　　最後，非常重要但又常常會被忽略的一點是，<u>自建表達力回饋機制。</u>

　　我們做任何事情，如果沒有回饋的話，很難知道自己做得好還是不好。

但是，我們也很難做到每一次都去尋找外部的回饋，這樣無論是時間還是精力成本都會非常大。所以我來分享一個自建表達力回饋機制的方法給大家。

剛開始的時候，我沒有想到這個方法會很管用，後來看到我身邊的人通過這個方法，獲得了很大的提升，於是我自己也做了嘗試，發現效果確實非常好，現在分享給大家。

我這個朋友叫 M，他是一個會把一件事情做到極致的人。2016 年，M 特別想提升自己的演講能力，就去參加了很出名的演講教練的課。

上課的時候，他會覺得演講教練講的方法特別好，並且自己在上課時也有很大突破，但是回到家之後，他就發現上課的那種狀態沒有了。而且，由於沒有老師點評，他不知道自己究竟做得好還是不好。

後來 M 想了一個方法，就是用手機去錄自己每一次演講的視頻。視頻錄完之後，他會反覆觀看這段視頻，並且羅列出一條條自己做得不好的地方，再針對這些地方進行調整和修正。

如果無法判斷自己做得好還是不好，別忘了付費向身邊專業的人士進行諮詢。

調整之後還會繼續錄視頻，錄完視頻後再看自己做得好不好，並繼續進行調整修正。

我不知道大家有沒有這種感受，當我們去看別人一件事情做得好還是不好的時候，很容易去發現對方做得不好的點，並且提出自己的意見和看法。

這個就是旁觀者視角。那麼如何自建表達回饋機制呢？你只需要做到如下三步：

第一步，錄自己的表達視頻，可以是演講的視頻，也可以是你對某個觀點進行表達的視頻。這樣不但可以聽到聲音，還可以看到表情和肢體行為。

第二步，反覆觀看自己的表達視頻，並對不足之處提出修改建議。

第三步，繼續錄新的視頻。

如果遇到一些始終無法突破的點，一定要向專家求助，必要時付費也是可以的。

當你的表達力提升之後，無論是參加線下活動，跟他人進行交流，在職場上向上司彙報工作，還是在做副業時跟你的目標使用者進行交流，你都能取得更大的收穫。

以上就是本節的主要內容。本節的要點是：

第一，從表達的套路、邏輯性、狀態三個維度去拆分表達力，才能更好地提升表達力。

第二，每天向自己發問，用一分鐘的時間，輕鬆提升表達力。

第三，自建表達力回饋機制，讓自己越來越會表達。

最後，我為本節佈置一個思考作業：

請大家從現在開始，未來的一周，每一天都向自己提個問題，並且用自己的個人微信號，用一分鐘的時間來回答。一周過後對自己的表現做一個總結，並為自己在下周制訂一個新的計畫。期待大家在表達力上會有一些大的突破。

第 14 節

搭建賺錢關係網：不可忽視的人脈力量

我們先來看一下本節第一個知識點：

正確定義有效人脈。

我有一個非常簡單的判斷一個人是否具備真正人脈資源的方法：如果你畢業五年以上，找工作還要到常規的招聘平臺上找，而不是通過同事、朋友、獵頭等人脈資源去找，基本上是不能叫自己有人脈的。

你認識一個人並不等於他就是你的有效人脈。我的學員 Q，她的微信朋友圈裡有幾百個好友，通訊錄裡也有幾百個連絡人，她自認為自己的人脈經營得很好，可是前段日子，畢業六年的她想換工作，卻遇到了拜託身邊的朋友幫忙留意工作而沒有任何結果的情況。

美國著名的社會學家霍曼斯在他的「社會交換理論」中指出：任何人際關係，其本質上就是交換關係。

你的「可交換價值」越大，你能吸引的人就越多，願意主動跟你打交道的人也就越多，即使你一時落魄了，但是願意幫你的人也還有很多。

這才是一種長期的有效人脈。

所以，當你發現自己認識了很多人，但是都無法深度連結時，一定別忘了衡量一下自身的價值。如果自身價值不足，請先暫時放棄一些無效的社交，比如純粹的飯局和同學聚會，把時間

用到自我投資上。

看完第一個知識點後，我們再看第二點：

一個表格，帶你一步步搭建人脈關係網。

大家有沒有一種感覺，有時候明明認識一位原在某一領域的資深人士，但是真的要用到對方的時候，我們甚至連對方叫什麼名字都想不起來。

前段時間我剛好要做一場線下活動，想起來之前有個朋友介紹過可以辦年會的贊助場地，但就是想不起來這個朋友叫什麼名字，後來是因為助理聽過我的人脈關係表格梳理法，她根據這個方法做了人脈記錄，才找到了對方的名字，最終聯繫上了對方。

其實在經營人脈這件事情上我用的方法很簡單，就是用一個表格去梳理所有的人脈關係。

第一步，工具介紹，我用的是 EXCEL 表格。

第二步，搭建人脈關係網的框架。

關於如何搭建人脈關係網，有兩個要點：

第一，列出人脈管道的類別。在我看來，人脈管道可以分成職場人脈、生活人脈、互聯網人脈和榜樣清單這四大類人脈。

關於人脈管道的類別，大家也可以根據自己的真實情況來羅列，比如說，你是個創業者，可以專門列一類創業者人脈；如果你跟我一樣，是自媒體人，你可以列一個超級用戶人脈；如果你的人脈主要集中在職場上，那你可以把它拆分成獵頭人脈、公司人脈、公司之外的人脈等等。

當然，你也可以專門列一個副業人脈的類別，所有能讓你產生副業收入的人脈，全部都可以羅列到這個類別裡面去。

第二，每類人脈都可以分別從基礎資訊、優勢、最近動態、互動四個維度去記錄和梳理你和對方之間的連結。

那麼，如何豐富和完善自己的人脈庫呢？拿我自己來說，我會寫下我想要經營的人脈的每個人的生日、愛好等基礎資訊。優勢的維度會寫他的專業是什麼，他擁有什麼資源，他的能力是怎樣的等等。最近的動態會寫他有沒有跳槽，他最近到哪裡去進修了等等。互動就是會寫我和他最近一次的交流重點以及在朋友圈看到的一些有關對方的特別動態。

交流的重點非常有用，我常常會在下一次見人脈表格裡的人時，打開表格看一看，在見面的時候主動去聊上一次聊的一些細節或者是最近的新動態。在聊這些東西的時候，對方會特別意外和驚喜，覺得我特別關注他。

第三步，定期去更新我們的人脈關係網。

從兩個維度去更新，一個維度是從你新認識的人的多個維度去更新。

另一個維度是這個表格裡本來就有的人脈的一些情況的更新，比如說你最近見了職場人脈裡的前同事，他跳了槽，到了一家廣告公司，那你可以做一些更新，並且把這一次互動聊天的內容更新到互動清單裡。

這個表格在最初建立的時候會有一些困難，但是當你將框架打好之後，養成隨時記錄的習慣，每週或者每月整理一次，就比較好操作了。而且，當你知道這些重要的人的一些基礎資訊比如對方的生日時，可以在他生日的時候給他送一個溫馨的小禮物或者發一個小紅包，這時，你就會發現，你跟其他人的關係瞬間就

拉近了。

我自己還有一個習慣，每年的年初，我會在手機上設置我認為比較重要的 20 個人的生日提醒。這樣的話，我就不需要用大腦去記他什麼時候過生日了，手機都會提前一天提醒我，讓我可以為他們去準備禮物或者發紅包。

這份表格也不需要大家把所有的人都記錄到裡面，我們可以有自己的標準，尤其是對自己有說明的人脈可以記錄進去。如果所有的人都更新進這個表格的話，會因為更新的過程太複雜，而讓你產生倦怠感。

有了這個表格之後，下一次我們做任何事情，想要向人求助時都可以把這個表格打開來，你會從這個表格裡找到你想要連結的人。

看完第二個知識點後，再說最後這個知識點：
兩個維度，重點經營你的賺錢關係網。

每個人身邊，都或多或少有幾個突然爆發式增長的人物，表面看起來，這是他能力的表現，或者是，他遇到了一個好的機會。但是這和他長期經營人脈有必不可少的關係。接下來我將分享兩個維度，重點經營自己的賺錢關係網。

賺錢關係網的第一個維度是，清晰地知道自己具備什麼樣的能力，帶著這個能力去連結需要這個能力的人，並把對方作為自己重點經營的賺錢關係網。

可交換價值最重要的不是一定要比對方優秀，而是你要有自己擅長的點，而這個擅長的點，正好是對方需要的。

很多學員問怎麼樣才能成為我的助理，我一般都婉言拒絕。

因為我真的沒有時間瞭解你有什麼能力。

但如果你這樣問我：「Angie，我特別擅長寫文案，請問我是否能成為你們平臺上文案這一塊的實習生？」那麼，我可以快速判斷，你是否是我所需要的人。

如果你想要連結到有價值的人脈，你需要做這三步：

第一步，知道對方需要什麼樣的價值，這就需要你平時更多地去觀察和瞭解；

第二步，自己具備什麼類型的價值；

第三步，精準地表達，讓對方知道你具備這樣的價值。

賺錢關係網的第二個維度是，先瞄準你想要經營的關係物件，再去結合他的需要去讓自己掌握對應的能力，當你具備了對方需要的能力後，再找時間去跟對方進行連結。

以上就是我們本節的主要內容。本節的要點是：

第一，正確定義有效人脈。

第二，一個表格，帶你一步步搭建人脈關係網。

第三，兩個維度，重點經營你的賺錢關係網。

最後，我為本節佈置一個思考作業：

請大家在讀完本節後，結合第二點「一個表格，帶你一步步搭建人脈關係網」，用 EXCEL 搭建出自己的人脈關係網框架，再去慢慢豐富整個表格。

第 15 節

專案管理力：一個人如何活成一支隊伍

每個人每天只有 24 個小時，無論你是誰，都沒有辦法增加時間的絕對值。

最近這些年，我一直在探索，什麼樣的方法才能讓一個人或一個團隊在有限的時間裡大量、高效地完成很多事，讓一個人活得像一支隊伍，一個小團隊活得像一個大公司。

2018 年一整年，我們的團隊只有四個人，除了我自己懷孕在家算是全職在做外，其他三位成員都是兼職的狀態。

身邊很多人知道這個情況時驚呼：「我們整個團隊好幾個人全職在做一個特訓營，員工數量比你還要多上好幾倍，而且每天的工作量高達 12 個小時，但是產值卻不到你的一半，你們是怎麼辦到的？！」

我和 Emma（我的助理）每天在微信上溝通互動上百條資訊，她雖然照常上班，但依然能和各大平臺有條不紊地進行自媒體的合作、轉載、內容創作、互推和廣告洽談等事情。Emma 為什麼能夠同時做好這麼多事情呢？

因為她具備一種非常重要的能力，叫作專案管理能力。

簡單來說，專案管理能力是指把每一件事當作一個專案來做。針對這個項目，指定由某個人來做全盤的策劃，也就是指定其為項目的唯一負責人，再列明每個子專案相對應的子負責人及其職責，並且把項目裡可以固定下來的內容全部形成流程化操作。

本節的第一個知識點是：

確定每個專案的唯一負責人。

做一件事情，最怕的是沒有一個可以拍板的人。

比起沒有可以拍板的人更恐怖的是，一件事情有多個拍板的人。

每次講職場課之後，在答疑環節，總會有學員向我提這樣的問題：「請問老師，我在公司裡有兩個上司，需要向兩個上司進行工作彙報，請問有什麼辦法可以讓我的工作進展得更加順利呢？」

每一次遇到這樣的問題，我的第一反應是，這家公司不大可能做大。因為它將人的很多時間和精力都花在了公司的內耗上了。

其實這就特別像大家在做自我管理的過程中，內心左右搖擺沒有方向，這樣要下定決心做好一件事情是比較難的。

在職場上，我們沒有辦法控制老闆只給自己分配一個上司，或者是做一個項目只能有一個負責人，但是在做副業以及在做自我管理上，每個人都應該要有專案管理指定唯一負責人的意識和思維。

專案管理的思維，可以應用到任何領域。比如我們組織一次家庭旅遊，也可以用到專案管理的思維。誰負責策劃這次旅遊，在出去玩的整個過程當中，他就擁有決定怎麼玩的一些特權，而不是大家七嘴八舌亂出主意，最後讓旅遊變得又亂又不愉快。

接下來，我們來看本節的第二個知識點：

把每個項目按最小可執行的項目進行拆分，並分配給對應的人。

專案的唯一負責人需要具備很強的能力，他需要懂得專案的所有環節，因此也必須是從頭到尾跟進過所有流程的人。

在職場中，項目的唯一負責人不一定是能把項目中的每個環節做到最好的人，但起碼要清楚每個子項目之間的聯繫。而現實是，很多企業常常是領導者不懂下屬的工作內容，卻愛給下屬一些不切實際的建議。

我常常建議每一個畢業三年以上的人去學習專案管理的思維。在這裡透露一個小秘密，2016 年，我被挖到互聯網公司做運營總監，主要憑藉的就是我的項目管理能力。在這之前，我並不具備管理多個部門的能力，但因為我具備了專案全盤運營的能力，所以我得到了這份工作。

以我的副業團隊為例，比如我要舉辦一個時間管理特訓營，那我會為時間管理特訓營這個項目指定一個主要負責人 A。A 會對這個項目裡涉及的每一個子項目比如開課前的處理，開課當中整個社群的運營，開課後做問卷的調查以及收尾工作都分別找到對應的負責人。

在這所有工作中最複雜的部分是社群運營的部分。當社群運營的項目負責人 B，成為這個子項目的唯一負責人後，他又可以進行項目的拆分：從報名的學員裡面去找到相對應的子項目負責人。

那麼，如何將複雜的項目進行拆分呢？你只需要掌握以下三步：

第一步，羅列出整個項目拆分成的子項目，一般建議拆分成 3—5 個子專案；

第二步，為每一個子專案找到對應的專案負責人；

第三步，制定一個共用的跟進表格，每個人都能夠從表格裡

看到進度的更新，大大降低互相交流和溝通的成本。

最後，我們來看本節的第三個知識點：

把會重複進行的專案流程化和範本化。

其實，每個專案的組成部分裡都會存在一些固定的部分，和一些需要根據實際情況進行調整的部分。

固定的部分，最好的方式就是用範本或者流程圖把它完全確定下來。

這樣做的好處是，除了大家每一次做事可以根據這個範本和流程圖來執行之外，如果這份工作要交給新的負責人，也能很好地進行交接。

我舉個簡單的例子，就拿大家在學習的這套副業賺錢課來說，其實它也是一個項目。固定的部分是指，大家每一次學習完之後，都要養成對每一節課進行三點式總結的習慣，並且要把學到的內容用起來。

再舉個簡單的例子，假設你的副業身分是一名諮詢師，你可以將諮詢前的準備清單形成範本，放在有道雲筆記裡。當有學員向你諮詢時，你可以把它直接發給學員。

整個諮詢的過程也可以流程化，我個人的習慣是開頭寒暄，接著通過發問的方式暸解對方的情況，針對對方填寫的準備清單回答對方的問題，給出解決方案，最後再收尾，提醒對方把諮詢表格填好給我。

要想將重複的專案流程化和範本化，你只需要掌握以下四步：

第一步，每一次接到一個專案之後，快速確定是否有固定範本可以參考；

　　第二步，有固定範本可以參考的，需要有意識地從固定範本裡面找到範本或者流程進行參考；

　　第三步，那些不可控的部分，一定要建立進度表來跟進，因為不可控也就意味著難度會相對比較大；

　　第四步，專案結束後，梳理出可以流程化、範本化的部分，為下一次的專案做好充分的準備。

　　以上就是我們本節的主要內容。本節的要點是：

　　第一，確定每一個項目的唯一負責人；

　　第二，把每一個項目按最小可執行的項目進行拆分，並分配給對應的人；

　　第三，把會重複進行的專案流程化和範本化。

　　讀完本節之後，希望大家找出自己工作當中可以用範本或者流程圖固定下來的一個項目，嘗試著把它範本化或者是流程化。舉個例子，如果你每天都要做日報，建議花一個小時的時間，做出一個日報的範本，之後每次更新日報就變得簡單很多，只要把內容往裡填就行了。

第 16 節

搭建你的團隊：副業百萬收入需要的團隊配比

首先，本節中的團隊搭建內容與上一節專案管理的內容是一脈相承的，建議大家先讀完第 15 節再來學習本節。

其次，再跟大家分享一下，從 2017 年 3 月辭職後，我一個人全職在家辦公的同時還要照顧兩個兒子；其他三位團隊成員都是有工作的，在我這邊做兼職。雖然我們團隊成員總共才四個，但是副業利潤已經連續幾年突破 300 萬，合計超千萬。

下面開始分享第一個知識點，**我是如何一步步搭建副業團隊的？**

事實上，我是從 2015 年 6 月開始探索副業的，有近一年的時間裡，我一個人單打獨鬥進行著副業的探索。

直到 2016 年 5 月，我的時間管理特訓營首次上線，原計劃招生 30 個人，結果不到半個小時，報名人數一下子超過了 200 名，我突然慌了神。慶幸的是，報名的學員裡，有兩個人主動申請成了我的助理。於是，在她們的協助下，我的訓練營順利地開展起來，到現在已經做到了第 19 期。

最開始探索副業的時候，我不太建議大家馬上搭建團隊，而是應該先盡可能多地去學習和摸索。如果完全沒有這個學習摸索的過程，即使你搭建起了團隊，團隊裡的人也並不會完全認可和信服你。

那麼，什麼時候才適合去搭建自己的副業團隊呢？我認為一個非常簡單的標準，就是陸續有人私信你說想要成為你的助理。

我建議副業團隊的成員最好從自己所在的副業圈子裡找出來，他們對我們正在從事的副業本身已經非常熟悉，能夠更好地進行磨合和配合。

有了助理之後，我們要做的事就是著手整理自己正在做的一些事情，不是自己必要去做的，可以交給助理去做。但自己也不能停歇下來，可以去嘗試探索一些新的項目。

當我們開始做一些新的專案時，必定會從新的項目裡遇到新的助理，這樣我們的副業團隊會因為項目的增加而漸漸地豐富起來，而且每個團隊成員所擅長的事情也變得不一樣。

我的團隊的形成是一個非常自然而然的事情，簡單來說有三點：

第一，先一個人單打獨鬥和摸索；

第二，從我們從事的副業項目裡面找到合適的團隊成員；

第三，每個團隊成員所擅長的事情盡可能不一樣，才是最好的團隊狀態。

接下來，分享第二個知識點，**如何管理你的副業團隊？**

在人人都熱衷打造自己的個人品牌這樣的時代裡，無論是職場上的團隊還是副業中的團隊，每個人都想從團隊當中得到的三個點是：

第一，能力的提升；

第二，個人成長的空間；

第三，收入的提高。

如果能夠持續滿足團隊成員的這三個需求，我們就能管理好副業團隊。

首先是能力的提升。

管理副業團隊成員，最開始的時候，你可以手把手教他。兩三個月過後，你要學會放手了，此時只給他指明大致的方向即可，讓他有自己發揮的空間。任何人在舒適的環境裡都無法獲得成長，一定是有挑戰的環境才能夠讓他成長起來。

所以，我的習慣是，一旦確定了某個人成為我的團隊成員，我不會過多干涉他做事的細節，做錯了也不會過多地責備他，而是給他一定的犯錯空間，這樣，每個成員都能夠在挫折中迅速成長。

最近有個非常流行的詞叫「賦能」，我們賦予團隊成員一些權力和許可權，他的能力才能越來越強。

其次是個人成長的空間。

我的孵化平臺孵化出了非常多的優秀人才，其中社群運營的兩個老師就是從做我的助理成長起來的。

也就是說，如果有合適的選題，我會優先考慮我的助理，不單是讓他們做好本職工作，還會讓他們去挑戰新的專案，用新的專案去鍛煉他們，逼迫他們成長。

同時，我跟外部的合作項目，也會帶著我的團隊成員，並且會根據他們完成的工作量給他們相對應的收入。

最後是收入的提高。

既然是副業團隊，就不可能像正職工作一樣，全部都給固定的工資。

因此對副業團隊裡面的所有人，我都是給比較少的固定工

資，甚至，最開始進來的人，我不會給他工資，但是我會給他盡可能多的舞臺，以及會親自指導他該怎麼做。我相信給他們這些東西會比給工資更加重要。

同時，凡是新的專案新的嘗試，只要能產生營收的，我就會給予他們比其他老師更高的提成比例。

另外，從團隊管理的角度出發，我覺得除了收入激勵，還可以偶爾送他們一些禮品。去 (2018) 年，我送給我的助理一個輕奢品牌的包包。她是一個剛剛畢業的女大學生，當我告訴她，我想送給她一個輕奢品牌的包包時，她的第一反應是拒絕的，說要憑自己的努力去買。我知道她肯定買得起，但可能也會捨不得，所以我果斷送了她一個包包。從那以後，她天天都背著這個包上下班，簡直是愛不釋手。

最後一個知識點：**兩個做事原則，擁有高效副業團隊。**

一個人走得快，一群人才能夠走得遠，好的團隊成員可以讓整個團隊的產值越來越高。

我們整個團隊共事時有兩個準則：

第一，我們只做重要而非緊急的事件，所有的事情，都至少提前半天完成。

什麼是只做重要而非緊急的事件呢？

2017 年 3 月初的一個晚上，在我平臺合作講課的 A 老師發了一條資訊給我：明天我們推穿搭方面的文案吧。結果，到了晚上 10 點還沒有等到 A 老師的文案，於是約好第二天上午 8 點推，結果，因為臨時出了些狀況，那天的文案最後在中午 11 點才發了出來。發出來後，我給 A 老師打了個電話，告訴她當天的效果應該不會太好，因為太著急了，很多東西都沒有準備好。

果不其然，那天的效果非常差。我們約好下周再發一次文案。到了下周，A老師又是給我發來一條一模一樣的信息：Angie，我們明天推吧！這一次我拒絕了，建議她後天再推，並要求她當天一定要把文案給我。我們利用半天的時間反覆修改文案，做好萬全的準備後才發佈，結果，當天的效果非常棒。

只做重要而非緊急的事件的最直觀的意思是：所有的事情都至少提前半天做好全面的準備。

如果你一直處在救火狀態，每天的精神高度緊張，很多原本可以做好的事情，最後都會在品質上大打折扣。

第二，遇到緊急情況請做好快速溝通，將損失降到最低，並且在處理好後就讓事情結束，不再去糾結它。

因為我們每天要處理的事情非常多，難免會有處理不到位的地方。我的原則是，事情既然已經發生了，不要糾結於事情本身，而是要把所有的注意力都放在如何處理好事情上。事情處理完畢後，總結經驗教訓，讓事情翻篇就好。

因為這兩條原則，整個團隊的效率非常高。

以上就是我們本節的主要內容。本節的要點是：

第一，如何一步步搭建副業團隊？

第二，如何管理你的副業團隊？

第三，兩個做事原則，擁有高效副業團隊。

最後，給大家佈置一個思考和踐行作業：

如果你正在副業探索當中，你認為身邊的人裡，誰最適合成為你的團隊成員？試著主動「勾搭」對方哦！

第 17 節

朋友圈引流術：如何精準引流「三步曲」

做任何事情，如果完全不知道自己做這件事情的目的，要堅持下去會比較難。所以，做事之前，不妨想一下自己做這件事是為了達到什麼目的。

大家都知道，微信是互聯網時代很多人使用頻率和時長最高的一個 APP，無論是公司還是個人生活，都會用到它，平均每人每天至少使用五個小時。

而且，現在非常多的成交都是在微信朋友圈裡發生的，文案高手以文案＋宣傳圖片的形式進行行銷和宣傳，吸引顧客下單。即使你現在只是想要通過學習提升自己，並沒有要打造副業的計畫，也應該在學習的過程當中，有意識地添加未來的潛在用戶為好友。當未來你想要去打造自己的副業時，這些人會成為你的第一批購買用戶。

我們先來看一下本節第一個知識點：

精準引流之前，明確目標使用者畫像。

假設你的副業是銷售母嬰用品，那麼目標客戶會是什麼樣的群體呢？這個答案非常明顯，你的目標使用者肯定是生過小孩的媽媽。

精準引流的前提是：你要先清晰地知道，自己的產品適合什麼樣的目標使用者。

　　我們每個人都曾經在微信上收到過一些微信官方推送的廣告，在留言區常常會看到有人說：為什麼把這個廣告推給我？我又不是這個廣告的目標使用者！相信你也有過這樣的感受吧。

　　因此，如果你想要銷售自己的產品，首先你需要明確目標使用者畫像。目標使用者畫像簡單來說包含：年齡、性別、使用者屬性。

　　拿我自己舉例子，我的課程的目標使用者畫像是：23 歲到 40 歲之間的想要獲得個人成長的人群。其中，男女占比約為 3:7 或 2:8。

　　明確了目標使用者畫像之後，我們會更加清晰地知道，針對這些目標使用者應該如何開展朋友圈的經營。同時，在研發或者是引進新的產品時，也要考慮目標使用者的需求，這樣我們的副業才能夠長久經營下去。

　　我個人還有一個這樣的習慣，在添加別人為好友時，同時對對方進行分類標籤的備註。我的習慣是會備註對方是從哪裡添加的，比如你參加了某個「大咖」的社群，從對方的社群裡添加了的好友，就可以直接備註對方的名字。同時，因為我是做知識付費的，也會明確備註對方參加過我的哪一門課程。

　　明確了目標使用者畫像後，我們接著看第二個知識點：
朋友圈引流管道，如何從內部和外部平臺進行引流。

　　先分享一個故事：學員 A 是一個興趣非常廣泛、愛交朋友的人，並且特別喜歡學習。起初她並沒有探索副業的計畫，但是因為喜歡交朋友，無論是參加線下的活動，還是線上的學習型社群，都有很多人因為她的觀點特別到位，而主動添加她為好友。後來

因為公司裁員，她被迫離開了職場。

恰巧有一個好朋友邀請她一起做微商，她就去做了。她本來只是想試試看，沒想到一下子就做成功了，這其實跟她前期朋友圈的無意識引流有非常大的關係。所以，我希望大家一定要有意識地進行朋友圈的引流，這件事情不僅沒有任何壞處，還可以為自己的副業做好充分的準備。

跟大家分享一組對比資料，如果說我們在個人公眾號和個人微信裡都有 1 萬個粉絲，個人微信的粉絲價值是個人公眾號的 3 到 5 倍，那麼，朋友圈只需要有兩三千個好友就抵得上公眾號 1 萬個粉絲的效果。

所以，我身邊很多探索副業的好朋友們，都會花很多心思去經營自己的朋友圈，並且把朋友圈作為最重要的流量池。為什麼是最重要的流量池？因為所有的外部流量都要集中引流到朋友圈這個池子裡面。

接下來對內部和外部平臺進行定義：

內部平臺是指自己經營的除朋友圈之外的其他所有平臺。比如說我自己經營的公眾號、簡書 (編按：簡書是一個以網際網路為基礎，可以進行內容創作和發布的平台，屬於一種網際網路自媒體平臺。)、微博、知乎等平臺。

以我個人為例，在簡書、微博、在行、頭條號、知乎等平臺上，我都會留下自己的微信朋友圈的聯繫方式，有意識地引導大家添加我為好友。

值得注意的是，有些平臺是不容許我們使用個人微信號的二維碼的，那就退而求其次，使用個人微信號的 ID。如果平臺允許，

那就首選放個人微信號的二維碼。

外部平臺是指，非自己經營的其他所有平臺，我來簡單進行分類：

第一類，你的微信好友的朋友圈。

寫一段介紹自己的文案，文案要盡可能突出展示自己的特點，再加上自己個人微信號的二維碼，和好友進行互推。

分享我的互推文案範本給大家：我有一個「大咖」朋友，名字叫 Angie，她是一個月入百萬的二寶媽，寫的第一本書《學習力：如何成為一個有價值的知識變現者》正在熱銷中，「乾貨」特別多，朋友圈也特別正能量，我特別喜歡看，今天她開放 50 個添加她為好友的名額，掃描二維碼即可添加！

第二類，各類社群。

參加各類社群，無論是付費的還是免費的都可以多多參加，在微信社群裡跟其他人有品質、有頻率地進行互動，吸引大家添加自己為好友。

第三類，其他可以做分享的平臺。

當我們去其他合作平臺做分享時，記得在分享結束時，留下自己個人微信號的 ID 或者二維碼，並且引導大家關注自己。

第四類，其他公眾號平臺。

如果你是公眾號的寫作者，你的文章被別人轉載了，記得讓對方在轉載你的文章時附上你的自我介紹，並留下自己的個人微信號 ID。

第五類，線下交流活動。

在參加線下交流活動時，主動添加目標使用者為好友，或者是通過交流吸引目標使用者加自己為好友。

分享完內部和外部平臺進行引流的方法後，再說一種情況，可能很多人會說，我不想要開放自己的朋友圈，因為朋友圈是一個有個人隱私的地方。但是，我想要跟大家分享的是，如果你確實想要探索自己的副業，流量是非常重要的。

如果你確實不想用自己的個人微信去引流，其實還是有其他辦法的。接下來我來講第三個知識點：朋友圈運營的一些小技巧。

以我自己為例，我在打造自己的個人品牌時，是完全遮罩了以前的同事、同學和朋友的，我相信很多人跟我有類似的困擾。如果你確實想把自己的副業和主業完全分離開，有兩個辦法：

第一個辦法，繼續使用現有的微信，但是要進行分組，每次發與副業相關的朋友圈資訊時，選你想要讓對方看到的組，別公開就好了。

第二個辦法，重新開一個全新的微信號去經營你的副業。

在運營朋友圈的時候，一天更新最合理的條數是三到五條，更新的內容要避免單一化，可以採用生活化資訊＋廣告＋觀點的方式分享這種結構。如果需要配圖的話，圖片最合理的張數是三或四或六或九。

如果你不知道該怎麼樣去運營自己的朋友圈，一個最簡單直接的方法是，當你觀察到有些人的朋友圈特別不錯的時候，你就直接去模仿他的方法。為什麼會有這樣的建議？因為我身邊有很多的學員以各種理由為藉口遲遲不行動。只有行動起來，才會越來越懂得怎樣去運營自己的朋友圈。

以上就是我們本節的主要內容。本節的要點是：

第一，精準引流之前，明確目標使用者畫像；

第二，朋友圈引流管道，如何從內部和外部平臺進行引流；

第三，朋友圈運營的一些小技巧。

最後，給大家佈置一個思考和踐行作業：

結合內外部引流法，給自己訂一個小目標，主動添加 50 個人為好友。

第 18 節

混圈子：如何通過社群「漲粉」

首先，我們來瞭解一下社群圈子的幾種常見類型和混圈子的方法。

第一種，不經過你的同意，有人拉你進入了他自己組建的社群。

在以往沒有做副業時，這種類型的社群我是不會進入的。

但經營自己的副業之後，基本上我都會同意進入。

面對這種圈子，我們要做的是，堅持把自己寫的原創文章發進去，它既不屬於廣告，又可以讓完全不認識自己的人對自己有所瞭解，從而對自己產生興趣。

第二種，低價格的課程配套的社群。

這種社群的特點是沒有專門運營的人，大家更多的是相互之間的自行交流。

像這種類型的社群，一個很吸引人眼球的自我介紹會變得非常重要，這種自我介紹可以是文字版本的，也可以是帶二維碼的海報。

自我介紹最簡單的範本是：你是誰＋標籤＋三點你能提供的資源。

另外，如果你能針對課程發表一些自己的觀點，也會吸引到大家對你的注意，並添加你為好友。

第三種，一些「大 V」建立的年度會員群或者主題交流群，

價格一般是三位數。

在這種類型的社群裡，一份符合社群定位的自我介紹，也會非常吸引人眼球。

比如說這個社群主要是講副業賺錢的，那你就需要分享自己在副業賺錢領域的一些標籤以及一些數位化的成就。

除此之外，多發起一些跟副業賺錢相關的話題，多發表一些相關的觀點，也能夠讓社群裡的人對你產生興趣。

第四種，價格四位數以上的高端圈子。

能夠付得起錢進入這種類型的圈子的人，個人的能力一般都不會太差，這種圈子就不需要著急去吸引對方，或者是添加對方為好友了。你可以配合圈子的活動節奏去展示自己。

像我之前參加過的一些高端圈子，常常也會邀請一些參加了這個圈子的人做分享。如果你被邀請了，一定要抽出時間來分享，甚至是看到一些話題自己有一些經驗可以分享的，也可以主動要求去分享。

以上是幾種比較常見的圈子類型，分享方法都是通過展示自己，來吸引他人，讓他人對自己產生興趣，並主動添加自己為好友。

如果是對方主動添加你為好友，對方會更加關注你。

如果你目前的標籤暫時不夠響亮，也沒有太多可以分享的內容，還有一個方法是，可以群發添加大家為好友。

當然，當你採用這種方式時，會有一些人不通過你的添加請求。

那麼，添加了好友後，我們還需要做什麼呢？接下來，我們

進入到第二個知識點：**打造社群「漲粉」的整個閉環**（編按：自我循環）。

在前面的章節裡，我們提到了真正長期有效的人脈關係是相互之間的價值交換。也就是說，如果我們自己沒有價值，即使認識很多的人也沒有用。

同樣的道理，如果我們通過混圈子以及在社群裡添加大量好友之後，沒有任何的舉動，那麼這些人也基本上不會跟你產生深度的連結。

我在主動添加對方為好友之後，通常會發一段簡短有力的自我介紹給對方。

範本可以是：我是誰＋我可以為你提供什麼資源。

如果你有產品並且這個產品是可以免費贈送給對方的，甚至是能讓對方對你產生興趣的，比如說你以前講過的一門課或者是你寫過的一篇「乾貨」（編按：指實戰性強的課程或經驗分享）文章，或者是你自己的公眾號，可以隨著自我介紹一起發給對方。

從節省時間的角度出發，我們也不需要每加一個人就給他發，可以批量添加之後，再群發給所有的人。如果對方有回饋，我們還需要抓取一些關鍵的資訊，並且做好備註。

雖然這麼做很煩瑣、很累，但是，如果添加對方後就放置不管，其實也是在做無用功。

除此之外，如果有一些人反反覆覆出現在你跟他共同所在的幾個群裡，你可以主動同他們寒暄，這樣會有額外的親切感。

面對新添加的好友，需要一個培養關係的過程。如果你每天都會頻繁發廣告，針對這一部分人，可以分組設置，暫時不對他

們開放全部的廣告，等對方適應幾天之後，再對他全部開放我們所有的朋友圈內容。

最後，分享第三個知識點，叫作**圈子學習力，混圈子的同時進行多維度的學習**。

如果是付費參加了相對高端的圈子，一定要學會向圈子裡的優秀榜樣去學習。

在我身邊發展不錯的人，基本上都是模仿、學習和行動能力特別強的人。

所以每加入一個圈子，我們需要做的是，在加入圈子的前幾天，多互動，多學習。只有多花時間在新的圈子，我們才能更好地熟悉這個圈子。

學會從這個圈子裡提煉出一些關鍵字，這個關鍵字可以是你想要學習的榜樣的名字，或者是這個圈子裡常常出現的、有品質的一些知識關鍵字。

比如說我的孵化平臺最常出現的詞是價值。我常常會提醒我的社員們，如果沒有時間的話，可以每一天在微信群的聊天內容裡輸入這個詞，去查找相關的內容。

另外，每個人都應該在加入社群之後做這樣一件事，就是根據這個社群的定位，去修改自己在社群裡的暱稱。

如果說你加入的是學習型的社群，可以備註自己是一個終身學習者，或者是某個領域的學習者。

如果你加入的是副業賺錢的社群，你一定要在標籤上，列清楚自己的副業標籤是什麼。

如果有人想連結我們，看到我們的標籤就知道我們是做什麼的了。

為什麼混圈子還要提到學習力呢？因為我們加入這個圈子不僅僅是為了展示自己，更多的是想獲得自我提升。如果能從這個圈子裡學習到多維度的知識，我們會對這個圈子產生興趣，並且會更願意去表達自己的觀點，這是混圈子非常重要的一點。

而且當我們在表達觀點時，同時也在吸引其他人對我們產生興趣。大家可以把本節內容分享到社群裡，告訴別人如何提高社群學習力，我相信會吸引很多人的注意。

簡單做個小結，圈子學習力一共有三點：

第一，向圈子裡優秀的人學習；

第二，通過關鍵字的形式，聚焦學習圈子裡的重點內容；

第三，備註好自己在圈子裡的定位，讓大家方便連結自己。

以上就是我們本節的主要內容。本節的要點是：

第一，社群圈子的幾種常見類型和混圈子的方法；

第二，打造社群「漲粉」的整個閉環；

第三，混圈子的同時，從圈子裡學習多維度的知識。

最後，給大家佈置一個思考和踐行作業：

挑一個你正在參加的社群，主動申請做一次分享，相信你會有意想不到的收穫！

第 19 節

公眾號的紅利期已過？
你該擁有的主次平臺生態圈

我們先來看第一個知識點：

為什麼公眾號紅利期已過，我還建議你開通公眾號？

我是在 2016 年 1 月開通的公眾號，印象非常深刻的是，公眾號開通之後，至少 10 個人給我發私信：「Angie，現在公眾號紅利期已經過去了，你為什麼那麼傻，還要開通公眾號，浪費自己的時間？」

到現在，我開通 Angie 這個公眾號已經有三年的時間了。仔細想想，如果當時我聽從他們的建議，沒有開通這個公眾號，恐怕也就不會有現在的我了，更不會有這本書的出現。我的人生軌跡可能還是在職場上規規矩矩地做著一份普通的工作，下班之後照顧著兩個小孩兒。其實這樣的生活狀態也不是說不好，但是，在有得選的情況下，我肯定更希望我是現在的自己。

我身邊也有一些人比我還要晚開通自己的公眾號，但現在也運營得很好。當然了，做任何事情，如果能夠越早肯定是越好的，但這個早不是我們能夠決定的。所以，最好的紅利期，不是由外界決定的，當你開始去做，就是你的紅利期的開始。

仔細回想一下你的過往，是不是常常會碰到一些機會，但是由於當時的猶豫，沒有下定決心踏出第一步，或者是踏出了第一步，但沒有堅持下來，最終未能得到任何機遇和紅利？人生就是

如此，只有敢於邁出第一步，才有後來的可能。

除此之外，我還想告訴大家的是，即便這一次的紅利你抓不到，但是當你去做了，你在進入這個圈子後，是不是會比依然徘徊在週邊的人，更容易抓到下一次的紅利機會呢？

而且，即便沒有抓到紅利，沒有把握住機遇，但是你的公眾號一直在運營著，你的寫作能力肯定會比之前要好很多，並且，你會越來越清晰地知道自己想要成為什麼樣的人，你對很多問題的看法，也會比以前的自己要深刻得多。

所以我建議你，在接下來的日子裡，一旦你的頭腦當中出現了什麼想法，就馬上開始去做吧，比如說你讀完這本書之後，就挑一個你身邊觀察到的副業機會，著手去幹吧，或者去開通一個公眾號，讓這個公眾號去記載你今後的思考和想法。

現在的 Angie 同名公眾號，其實是我開通的第四個公眾號，前三個因為沒有做好相應的準備，都做失敗了。那麼，如何才能相對容易地運營好一個公眾號呢？

接下來我們學習到第二個知識點：
怎麼做才能夠相對順利地運營好一個公眾號？
首先，關於公眾號的定位。大概有 80% 的人想要開通公眾號但遲遲行動不了，為什麼呢？就是因為想不明白自己公眾號的定位應該是什麼。

如果說我們花了一個月的時間，還是想不清楚自己的定位，建議你先把這個公眾號開通起來。不要過分去關注這個公眾號的定位，最開始你可以寫一些關於個人成長和職場「乾貨」等類型的文章，內容包括職場感悟、學習方法、育兒思路等等。

等到運營起來之後，我們可以根據讀者的回饋，再來慢慢定位。

大家都知道，想太多對現實是不會有任何改變的，只會阻擋你踏出第一步。

其次，公眾號難以運營下去的一個很重要的原因是寫不出文章。尤其是當我們對公眾號的定位太窄，加上寫文章的能力不足，就很難堅持下去。

所以我建議大家，在公眾號開通之前，可以先寫幾篇文章作為儲備。

在解決了公眾號的定位和文章的寫作問題之後，還有一個非常重要的因素是我們運營公眾號的能力。如果不會宣傳，寫得再好的文章也沒有人看。

萬事開頭難，建議大家在最開始做公眾號的時候，稍微辛苦一點，每次寫完一篇文章，一定要轉發到朋友圈，並且一定要發到你所參與的所有微信社群中，必要的話，你可以通過在群裡發紅包的形式，請求大家幫你進行轉發和分享。

最後，我們來看第三個知識點：

什麼是主次平臺生態圈？我們該怎麼做？

主次平臺生態圈是指在我們所經營的平臺中，只有一兩個平臺是最重要的，其他的平臺都可以作為次要平臺。

次要平臺的全部流量，都要有意識地引入到主平臺裡。

我自己的主平臺，一直是我的公眾號。

為什麼要有主次平臺的思維呢？因為一篇文章寫出來之後，你把它轉載到其他平臺所需要的時間成本其實是非常低的，我自

己慣常的做法是一邊聽音訊學習課程的內容，一邊機械性地複製各種文章到不同的平臺上去。

除了要把次要平臺的所有流量都引入到主平臺外，還有以下兩點需要注意：

第一，所有平臺的名字、個人標籤形象照的統一。

常常看到很多人在微博上取一個名字，在公眾號上是另一個名字，在個人微信上又是另一個名字，這樣會讓關注我們的人以為這是三個不同的人。

所以在這裡建議大家一定要進行統一，好讓留意到你的人覺得你是個很厲害的人，否則不會在那麼多平臺上都可以看得到你。

第二，主次平臺同時經營還有一個好處是，可以多方位開發自己的潛力。其實每個人所適合的平臺是不同的，比如說，我的好朋友 L 是簡書上關注者最多的一個人，但他的公眾號卻沒有簡書做得好。再比如說，我的另一個朋友 Q，他的公眾號關注者不到兩萬人，但是在抖音（編按：是一款行動電話上影片的社群應用程式，用戶可錄製 15 秒的短片，定位為適合年輕人的音樂短影片社群）上卻有幾百萬人關注他。

也就是說，不同的人所運營的內容產品有一定的差異性，有可能因為平臺「調性」的不同，每個人的主平臺是不一樣的。我們可以在自己所運營的所有平臺當中，去確定哪個平臺可以作為自己的主平臺，哪些平臺可以作為次要平臺。

拿我自己來說，我的公眾號做得並不算太好，但是我的主次平臺思維，讓我運營公眾號的同時，也經營著「在行」這個平臺。

目前我是「在行」全國排名第一的行家，因為這個「第一」確實也給我帶來了非常多的機會。

以上就是我們本節的主要內容。本節的要點是：

第一，為什麼公眾號紅利期已過，我還建議你開通公眾號？

第二，怎麼做才能夠相對順利地運營好一個公眾號？

第三，什麼是主次平臺生態圈？你該怎麼做？

最後，給大家佈置一個思考和踐行作業：

大家正在經營的所有平臺當中，最主要的平臺是哪一個，次要的平臺又是哪一些呢？請把所有平臺的名字、個人標籤、形象照進行統一，並且在次要的平臺裡面植入你的個人公眾號的 ID。

第 20 節

答疑環節

1. 我是一個寶媽，因需要照顧孩子，四五年沒工作了，現在孩子們開始上學，家裡開支也大了不少！我近一年開始學習英語，可距離能無障礙交流還需要半年至一年的時間，自己學歷不高，也沒什麼技能，我想諮詢一下有沒有什麼適合需要兼顧家庭的寶媽發展的工作和機遇嗎？

謝謝你的提問。其實寶媽探索副業的問題，我在前面已經講過，為什麼今天又會把這個問題拿出來再一次進行回答呢？因為我看到了一些比較典型的現象：

第一，我看到你提到自己正在學習英語，我想瞭解的是你學習英語的動機跟目的是什麼？

我猜一下，是不是因為你認為英語是每個人都必須要掌握的技能，學了總是有用的呢？

這個動機其實是合理的，但是你最終的目的是什麼呢？想從事和英文相關的工作嗎？我身邊有特別多的人對英文有執念，總認為英語學好了好像就有非常大的用處了。但是我想說的是，語言的學習，如果沒有可使用的環境，大概是不可能學得特別好的。所以，我要給你的建議是，先把學英語這個行為停下來。

除非你非常確定未來一定要從事與英文相關的工作，否則還是把時間花在更重要的技能的學習上吧。

第二，你提到了自己沒有什麼技能，但是又想要去探索自己的副業。

那你就要分析一下探索副業必須具備的一些技能有哪些了。比如說「帶貨」(編按：是指明星等公眾人物，對某一特定商品的使用，引發消費者的模仿)的能力、經營朋友圈的能力、寫文案的能力、行銷的能力、運營社群的能力等，把你花在學英文上的時間全部用在這些維度上吧，相信能更快看見一些效果。

第三，你問到現階段能開啟的副業有哪些，微商、社交電商或者說在我的孵化平臺裡去做社群運營，這些都是門檻比較低的一些副業工作，還有需要一定能力的，比如知識付費、淘寶店鋪、運營各種平臺等。不過需要強調的是，無論門檻是高還是低，也不管你能否做好，你都可以嘗試去做。

如果你選了這些門檻較低的副業，也別忘了積累你的能力。

最後，你提到自己全職照顧自己的寶寶有四五年的時間了，在育兒上是不是有什麼心得體會，可以試著總結一下，並把它寫出來，這也是在探索副業方面一個非常好的切入角度。

2. 我在小城市生活，周圍的人群層次普遍不高，愛學習的人也不多，並且大家對在網上聽課學習這些事情沒太大興趣，如何在這種環境中突破？

你的問題是如何在環境中突破，我個人認為可以分兩個點來進行突破：

第一，你要脫離現在這種「溫水煮青蛙」的環境。人是很容易被同質化的，當下這種環境是需要你去突破的。很多人是沒有

辦法逃離自己所在的舒適區的，所以你要做好心理準備，當你想做和別人不一樣的一些事情的時候，可能會有很多人覺得奇怪。但你要有自己的主見，不要活在別人的眼光裡。

第二，互聯網時代，最大的優點是，地理距離不再成為距離。沒有人說你探索副業一定要從周圍的人去突破，從這個角度出發，你並不需要進行突破，你只需要把你的方向和學習意識調整成線上進行各種連結就行了。

無論是我的「價值變現研習社」，還是課程訓練營，我的學員有很多都是小城市的。所以，地理位置並不會成為你發展的阻力，任何地方都有和你同頻的群體，只是一線城市會多些，三四線城市相對少一點，但依然能找到。

建議你在未來參加任何課程時，多留意一下有沒有跟你一樣是在三四線城市，但是副業做得還不錯的人，你可以把對方列為榜樣。並且你一定要相信，你肯定不是孤單的，等能力累積到一定的程度，你可以在當地發起一些公益組織，從公益組織做起，慢慢建立一些群體，共同線上下去學習和成長。

3. 我的圈子多是同齡人，40 多歲的人不太喜歡發朋友圈，生活壓力大，對生活缺乏激情。請問，40 多歲的人如何突破這種困局？

謝謝你的提問，你的問題其實已經包含了很多隱形答案了。

第一點，圈子都是同齡人怎麼辦？

那就去接觸各種不同的圈子，可以看看自己生活的城市會不會經常舉辦一些線下活動，有的話主動去參加，或者先參加一些

線上的可以互相交流的社群。

第二點，40 多歲的人不太愛發朋友圈，怎麼辦？

如果你不想讓原本認識你的同學、朋友、同事知道你的近況，你可以新開一個微信號，用來添加在互聯網或者是線下活動認識的人，或者你可以對現有的微信好友進行分組，再有針對性地做個人狀態的更新。

如果你想要發朋友圈，但不知道怎樣更好地表達自己，那就去學習一些經營朋友圈的方法，或者嘗試從自己學習到的一些內容出發，激發自己發朋友圈的欲望。

第三點，生活壓力大，對生活缺乏激情，怎麼辦？

誰的生活壓力不大呢，只是每個人的壓力不一樣而已。有些人為自己想成為什麼樣的人而糾結，有些人只是在為柴米油鹽醬醋茶而擔憂。

所以你要瞭解清楚自己壓力大以及生活會缺乏激情的原因，從中找到解決問題的一些思路。

如果你覺得每天的生活太單調，那就多去參加一些線下活動，去接觸不同類型的人。

第四點，我的社群裡有一個 41 歲的姐姐也在三線城市生活，她在去年加入了我的社群，現在也有了一些自己的副業項目。所以，怎麼突圍，其實跟年齡沒有太大關係，如果你現在才 20 歲，不去行動的話依然是沒有可能突圍的。

4. 現在朋友圈微商特別多，已經成了普遍現象。如果現在想做微商的話，是不是太晚了？而且產品種類眾多，如何才能挑選到一款適合自己，並且可做長線的產品呢？

我在前面講過，最好的紅利期，不是由外界決定的，而是由你自己決定，當你開始去做，就是你的紅利期的開始。

除此之外，還要告訴大家的是，即便這一次的紅利你抓不到，但是起碼你進入了這個圈子，是不是會比依然徘徊在週邊的人，更容易抓到下一次出現的紅利機會呢？

即便沒有抓到紅利和機遇，你的能力，一定也會比完全沒有行動起來去嘗試抓住機遇的人要好很多。而且，你會越來越清晰地知道自己想要成為什麼樣的人，對很多問題的看法，也會比以前的自己要深刻得多。

那麼，如何挑選一款適合自己並且能夠長期做的微商產品呢？

第一步，這個產品是你自己用過並且有效果，你內心深處是認可的。

第二步，既然產品是好的，那你就要琢磨怎樣做才能把好的產品推廣出去。

推廣的方式可以參考以下幾種：

第一種：通過朋友圈進行推廣，那你就需要去學習一些在朋友圈行銷的技巧。

第二種：贈送給周圍的親朋好友使用，口碑是最好的行銷。

第三種：在自我標籤上標明自己是做這款產品的，讓大家在想要購買類似產品的時候會想到你。

第四種：向身邊做這款微商產品做得好的人學習，必要的話，付費向他請教方法。

第五種：去學習和這個產品相關的一些知識，和其他人的產

品做到差異化。

以上建議的多種方法，你不需要都去嘗試，只需要挑一個方法先行動起來就行。

5. 打造個人品牌我覺得很重要，雖然自己會很多技能，但每一項技能都不太突出，我是應該專注其中一項還是多項同時發展？

謝謝你的提問。

我的建議是：

第一步，先專注把其中一項技能做到最好；

第二步，去研究自己用了哪些方法把這樣一項技能做到最好；

第二步，把這些方法用到發展其他能力上。

在這個時代，只擁有一種能力一定是不可能把個人品牌打造好的，你必須擁有多種複合能力，才能達到打造個人品牌的效果。

以我自己為例，我身上第一個突出能力是時間管理能力，我把所有的時間精力和金錢都放在研究和發展這項能力上，等到這項能力成為我身上的強標籤之後，我再將同樣的方法用於其他能力的發展上。所以，現在我的身上有很多標籤，個人品牌也越來越有辨識度。

第三章 ▶▶

少走彎路，
實現主副業完美平衡

第 21 節
故事影響力：打造「吸睛人設」

我的第一本書《學習力：如何成為一個有價值的知識變現者》，開篇的部分全部採用故事＋方法的結構來寫，收到了很多學員的留言：Angie 老師，你的書我特別容易看進去，就連我那從來不看書的老公，看了後都讚不絕口，一個又一個的故事讓人忍不住想繼續往下看。

當今時代，講故事的能力是每個人都需要掌握的一種能力，每個人都應該學學如何講好故事。對於想要探索副業的你來說，一定要學會講具備「吸睛」效果的故事。

接下來，我們來講提高故事影響力的第一個知識點：
故事性文章，寫出身分認同感。

身分認同感，是指我們本身具備的身分，吸引了和我們擁有同樣身分的人對自己的關注。

前幾天，我在朋友 S 的公眾號上看到了這樣一個故事：

有一個人，他從小上國際學校，大學上名校，畢業後找到了一份好工作，後來自己創業，成為一名財富新貴，年薪千萬，聽上去是不是很厲害？

如果他小時候是普通人，確實很厲害。

但如果我告訴你，他是一個富二代，家產過億，你還會覺得他厲害嗎？

並沒有，對不對？家產過億年薪千萬，就和家產百萬年薪十萬一樣，你覺得他活成這樣是應該的，起點這麼高，要是最後一不小心活成工薪族，那簡直就是敗家呀。

聽完這個故事，你的第一個感受是什麼？

寫出身分認同感的第一步：不用擔心自己出身普通，低起點才能帶來身分的普遍認同感。

根據「二八法則」，這個世界上發展得好的人只有 20%，甚至都不到 20%，大部分的人都是普通人。

如果你自身很厲害，其實已經沒有必要通過故事去吸引其他人對你的認可和關注。而且自身已經很厲害、出身很好的人，即使後面更成功了，可以值得我們借鑒的點也不多。說得簡單一點，你那麼優秀，但是跟我一點關係都沒有。

所以你根本不用擔心自己起點低，起點低更有寫出好故事的素材。

寫出身分認同感的第二步：羅列出自己所有的身分標籤，再一條條去做自我分析，看看什麼樣的身分能夠吸引到其他人對自己的身分認同。

以我自己為例：

我是兩個寶寶的媽媽，可以吸引到同樣是寶媽或者是有兩個寶寶的媽媽的身分認同。

我是互聯網運營總監，可以吸引到同樣從事運營工作崗位的職場人士。

我是二本 (編按：大陸大學基本上可分為一本及非一本大學，甚至有所謂的三本大學。一本大學大都是部委直屬大學或是 [211 工程] 大學，清華、北大等均為一本大學；二本大學多為省屬大

學或非屬 [211 工程] 大學，二者在師資、硬體等方面都有一定的差距。211 工程則是指中國大陸政府於 1990 年代起，針對高等教育所策劃的一項政策，涵意是面向 21 世紀，重點建設 100 所高等院校及重點學科的建設工程。) 院校畢業的學生，常常有人給我留言說：我也是二本院校畢業的。

我的第一份工作是客服，會吸引到同樣是客服工作崗位的職場人。

我是廣東梅州人，也常常有很多人給我留言說是我的老鄉。

當我們的故事裡出現了這些身分標籤後，和你擁有同樣身分的人，莫名會覺得和你很親近。

當然，身分認同不只是簡單地告訴別人你的身分是什麼，而是要帶有故事性的描述，比如說，我是兩個寶寶的媽媽，在懷二胎的同時，我並沒有放緩自己的腳步，而是一邊養胎，一邊做特別多的其他事情。

也就是說，不怕身分普通，但是你要為你這個普通的身分去賦予一些不普通的故事。

當然也不是說所有的身分都需要有故事背景，有些身分的存在是為了讓別人一看到就覺得「我跟你是一樣類型的人」，但是一定要有一些有故事的身分，用來吸引大家對你產生興趣。

可能你會說，我的職業身分沒有什麼故事，我很普通，那你就需要在接下來的時間裡，為你的這些身分去創造一些故事。

寫出身分認同感的第三步，有意識地為自己積累身分認同感的故事素材。

舉個例子，生完小孩之後，你花大量時間研究了該怎樣進行育兒，並且把這些育兒的方法通過發朋友圈的方式分享給很多同

樣是媽媽的人知道，其他媽媽聽了之後也會覺得特別有效果，那麼這就是你的身分認同的故事了。

每個人都可以為自己創造身分認同的故事，關鍵在於我們有沒有這麼做的意識。

故事除了用在寫文章讓其他人對自己有認同感，還有一個很重要的作用是，在銷售產品時，寫故事性的文案更容易吸引讀者下單。

接下來我們進入到本節的第二個知識點：

故事性文案，把產品賣出好銷量。

把產品賣出好銷量的秘訣是：用真實故事告訴別人，正在銷售的產品的來龍去脈。

先來講一個故事：

三年前一個週六的下午，賈偉和不到兩歲的小女兒以及女兒的爺爺在家看電視。女兒突然說想喝水，爺爺主動去倒了一杯水，但由於水剛燒開，水溫接近100℃，爺爺害怕孫女兒碰到，就將水杯放到了桌子的中間。

事故之所以稱之為事故，是因為它的發生超乎你的預料，且往往是一瞬間。賈偉萬萬沒有想到，盛水的杯子上有一根繩子，還不到桌子高的女兒跳起來抓住了那根繩子。水杯倒了，熱水灑在女兒的臉部和胸口。

小孩子的皮膚最是嬌嫩，立馬就紅腫起來了，燙傷很嚴重。

賈偉決定要為自己的女兒，或者說要為全天下可能和他女兒一樣遭受此不幸的孩子們設計一個「降溫神杯」。經過三年時間

的努力，他終於找到了一種可以讓液體瞬間降溫的材料。賈偉用這個材料做了一款杯子，給它取名叫「55度杯」。100℃的熱水倒入杯中，只需搖晃 10 下就能變成 55℃，女兒以後喝水就再也不會被燙到了。

這個故事在互聯網上非常火，讓產品的銷量也變得異常火爆，不到一年的時間，就賣了 50 億元。這就是故事生產力。

拿我自己做例子，我的時間管理特訓營一直都非常暢銷，一個非常重要的原因是：我用了自己課程當中講到的時間管理方法，從一個非常普通的職場人士變成了一個能夠高效管理時間、做好自己工作的同時又能經營好自己的副業的高效能人士。

這樣一個高效能人士的故事，讓我的時間管理課程成了長銷品。

所以，如果你有一款副業產品，一定要為你的副業產品去設計多個不同版本的故事，讓你的產品自帶宣傳屬性。

最後來講故事影響力的第三個知識點：

故事性演講，講出個人影響力。

問大家一個問題，每個人肯定參加過各種各樣的分享課程，當聽完一個人的分享之後，印象最深刻的會是什麼呢？

我自己最喜歡聽的一類演講是既有乾貨，又有案例的這種類型。

另外，我發現每一次在不同的場合做演講，如果純粹是講方法論，並不能夠讓大家對我產生興趣。但是，如果在演講過程當中，去分享自己真實的故事，會瞬間讓大家產生興趣。

我聽過的一個讓我印象最深刻的故事是，一個做演講課程的

老師，在年會上分享的她作為記者去參加汶川地震救援活動的故事。

PPT 上是一張滿是廢墟的照片，她自己在演講的過程中，情感非常充沛，並且將細節描述得很到位。

當時她正在救援被埋在土裡的一些當地人，突然聽到了遠處傳來的呼喊聲，一開始聽得不是很清楚，等聽明白了才知道是叫他們趕緊跑，因為救援現場附近的山坡就快要坍塌了。

按理說在這樣的情況下，她應該拔腿就跑，但是她的腿像灌了鉛一樣完全沒有辦法站起來，嘴裡還一直喊著讓其他人趕緊跑、趕緊跑。

她以為自己的人生就要終結在這個時候了，慶幸的是，身邊同樣在做救援工作的一個小夥子，硬是拽著她，並且不斷地鼓勵她站起來，拉著她一起跑。

因為小夥子的不放棄，才有了她現在的生命。

在那之後，她覺得人生當中任何困難都不再是難題了。

我在現場聽得直接就流下了眼淚，對她的喜愛又更深了一層，因為她是有故事的人，並且她看起來特別從容和淡定。

故事性演講有四個非常重要的點。

第一點：把故事講得具有畫面感，也就是要盡可能多地去描述帶有場景感的故事；

第二點：配上相對應的 PPT 圖片；

第三點：情感要充沛，聲音要自帶能量；

第四點：結尾要昇華、提煉金句。

最後，值得一提的是，所有的故事本身一定要是真實的，無

論我們做什麼事，都應該從長遠的角度出發，因此，真實才最有說服力。

以上就是我們本節的主要內容。本節的要點是：

第一，故事性文章，寫出身分認同感；

第二，故事性文案，賣出產品好銷量；

第三，故事性演講，講出個人影響力。

最後，給大家佈置一個思考和踐行作業：

如果從你的身分裡延伸出一個故事來，會是怎樣的一個故事？期待你書寫出屬於你自己的第一個故事。

第 22 節

第一效應：數位化百倍放大你的影響力

在進入本節主題之前，先帶大家瞭解下「全平臺第一」和「細分領域第一」這兩個概念。

什麼叫作「全平臺第一」？我是「在行」這個諮詢平臺全國排名第一的行家，因為我在這個平臺上的線上線下約見次數是3000 多次，比其他諮詢行家都要多。

什麼叫作「細分領域第一」？因為有時候我們沒有辦法做到「全平臺第一」，而且「全平臺第一」只有一個人，但是細分領域就可以有比較多的人了。「細分領域第一」就是指當你發現這個平臺確實可以給排名第一的人「強背書」之後，可以嘗試在這個平臺裡面找到跟自己的標籤或者是能力契合的一個小的領域，在這個小領域裡，將自己打造成為第一。

我的朋友 Q 的運營能力非常強，所以他的聚焦點是把自己打造成「在行」運營領域全國排名第一的行家。

簡書平臺有「簡書簽約作者」這樣一個身分標籤，我的另一個朋友 M，發現自己沒有辦法在簡書平臺上拿到「粉絲數排名第一」這樣的稱號，但他知道簡書平臺的影響力比較不錯，於是他飛到上海，去簡書公司拜訪了老闆，拿到了「簡書平臺第一採訪人」的稱號，他藉著這個稱號去做了特別多的事情，個人的名氣也越來越響亮。

以上兩個例子，都是從能力上出發的「細分領域第一」。還有另外兩個思路，一個是地理上的，另一個是目標受眾群體上的。

從地理上出發，比如說你是華北區或廣東、上海、北京等某領域排名第一的人。

從目標受眾群體上，以我為例，講時間管理課程的人特別多，但是講「媽媽時間管理課程」的人並不多，在聽過我的時間管理課程的媽媽人群數量上，我是全網排名第一的。這就是時間管理這個大領域裡媽媽群體細分領域第一的標籤打造法。

當你真的拿到「第一」這個殊榮之後，不要浪費掉這個「第一」可能給你帶來的內部資源。

接下來，我們來看第二個知識點：
「第一」的對內效應，善於向平臺連結資源。

第一步，當你成為某個「第一」之後，這個平臺的內部員工一定是會注意到你的，所以，你需要做的是主動去跟他們進行連結。

基本上所有的平臺都會根據分類相應地去建立用戶的社群，而且群裡一定會有工作人員。你可以主動添加工作人員的微信為好友。通過自我介紹，讓對方對自己有更深的印象，拉近雙方之間的關係。

第二步，當他們有一些活動需要你配合的時候，一定要積極地回應和配合。

我印象當中特別深刻的是，「在行」每一次邀請我配合他們做優惠券活動，我都會快速調整自己活動的時間節奏，非常積極地給予配合。

人和人之間的感情是在互相幫忙之後加深的，你幫了對方之

後，對方一定會記得，他會以一些你意想不到的方式來回饋你。

當他們的平臺開通一些新的業務的時候，會第一時間來找你。

第三步，當你發現這個平臺有一些不錯的機會的時候，可以主動去詢問自己能不能獲得這樣的機會。

我之前犯過一個錯誤，總認為機會會來找自己，所以總是被動等待。後來我才發現，當你發現一些機會適合自己的時候，應該主動去問一問。這樣不僅對自己不會有任何的傷害，還有可能通過這樣一個契機，讓你得到意外的收穫，而不是白白錯過了這個機會。

接下來我們來看第三個知識點：

「第一」的對外效應，標籤行銷化，借助平臺給你帶來的勢能。

在職場上，如果你所在的企業是比較知名的企業，在做自我介紹時，你一定會提到自己在這家知名企業上班，對不對？

央廣前知名主持人青音就說過，當她還在央廣 (編按；央廣即指中央人民廣播電台，是中國大陸第一大廣播電台，總部設於北京，並在全國各地設有分台。) 做主持人時，自我介紹會特別簡單，提到央廣就夠了，大家都知道。

同樣，我們在探索副業、打造個人品牌時，用標籤的形式借助平臺的優勢也很重要。

如果說，你想要打造自己的個人品牌，探索自己的副業，在標籤化這件事情上，有三個點是一定要克服的。

第一點是不敢對自己貼標籤。

我們要敢於給自己貼標籤，不單是做，更重要的是及時對自

己貼標籤。

完全不知道我們是誰的人，最開始肯定是通過標籤來瞭解我們的。

為什麼平臺具備給我們帶來勢能這樣一種作用？是因為當外界在還不瞭解我們的情況下，如果有平臺背書，可以讓外界藉由對平臺的信任，從而對我們產生興趣和信任感。

第二點是自身不具備標籤所對應的能力。

被標籤吸引過來的人，他們也有自己的判斷能力。如果你的能力與標籤所要求的能力不符，就不會得到人們的信任。這就像你在逛街買衣服，有一家時裝店的門面裝修得特別好看，而且上面備註著職業套裝專賣店這樣一個字眼，你正準備買職業套裝，但是你進去之後發現裡面職業套裝的占比為 10% 以下，我相信，你很快就會退出這家店。

所以我們也需要清晰地瞭解到，這個標籤所要求具備的能力有哪些。讓自己的實力跟得上這個標籤，才能對得起這個標籤。

第三點是到處貼各種各樣的標籤，卻沒有一個能聚焦的標籤。

如果我們每一次發力都是發散的，那我們的能力就真的很難聚焦了。

當你發現自己所依託的平臺，確實可以給自己帶來一些好處的時候，你也要快速做聚焦，把時間和精力都放在和這個平臺的捆綁行銷上。

我的第一個時間管理特訓營上線的時候，是通過「在行」報名的，所以「在行」一下子就湧入了一兩百個陌生的、從來沒使用過這個平臺的用戶進去。

這一下子就讓「在行」也關注到了我，我也繼續在這個平臺上發力，我後面所辦的第二、第三期訓練營的學員都是通過「在行」報名的。

我把這個方法分享給了身邊的一些朋友，他們用了這個方法之後，很多人也都成了自己所在細分領域的第一人。

同時，「在行」平臺也結合了我提出的一些思路，後期推出了很多線上訓練營，這其實就是一個雙贏的效果。

有很多人都是因為我瞭解到了「在行」平臺，我也因為「在行」平臺被越來越多的人所知道，我也會把這樣的一個資訊回饋給「在行」平臺的工作人員，這樣我們之間的關係就會越來越緊密了。

以上就是我們本節的主要內容。本節的要點是：

第一，瞭解兩個概念——「全平臺第一」和「細分領域第一」；

第二，「第一」的對內效應，善於向平臺連結資源；

第三，「第一」的對外效應，標籤行銷化，借助平臺給你帶來的勢能。

最後，給大家佈置一個思考和踐行作業：

你的標籤裡面有沒有一個標籤是和一些平臺有聯繫的？如果有，可以深入研究這個平臺的特點，找到某個細分領域作為切入點，同時保持對一些新平臺的敏銳度。當你有了這樣一種意識之後，會更加有機會成為新平臺、新領域的第一名。

第 23 節

圈子影響力：如何連結高品質社群

你們有沒有發現，打開自己的微信，自己加入的群有無數個。

每天都被各種各樣的社群資訊轟炸，但真正有用的社群占比很低。

有沒有一個社群，是你特別珍惜的，每一條資訊都不會錯過？

我有。

接下來我們來看本節的第一個知識點：

如何定義一個高品質的社群？

其實一個社群是否高品質，並不是別人幫你決定的，而是我們自己的判斷標準，每個人都要有自己的社群標準。

當你有了一套標準後，也是在幫助自己做決定，到底要加入怎樣的一個社群。

我判斷是否要加入一個社群一般有三點：

第一，這個社群是收費的；

第二，這個社群有自己獨有的規則和運營方法；

第三，這個社群的創始人是我認可和喜歡的。

以上三點是我判斷一個社群是否為高端社群的前提。

　　正式加入這個社群之後，我還會有第四個標準：這個社群能否給我帶來價值的提升。

　　這個價值包括認知的刷新、技能的提升、人脈或者是資源的連結、紅利機遇的判斷、是否有可能和社群裡的人達成合作、創始人會不會持續有新的東西分享出來等等。

　　並不是說，以上的幾點要全部符合才是有價值的，符合的越多，在我看來就是越優質的社群。

　　除此之外，高端的社群一定有的一個特點是：你會在裡面遇到比自己厲害的人和事物，不再覺得自己是最厲害的。

　　我相信在這種情況下，每個人都會產生焦慮感。想起我常常分享給大家的一句話：如果你比周圍的人都優秀，沒有什麼好驕傲的，這恰恰證明你應該要升級圈子了。

　　不過我身邊也確實存在一些人，就希望自己是人群當中的佼佼者。如果你也屬於這種類型，除了去參加各種各樣的高端社群之外，更應該自己建立這樣一個社群，在實際運營社群的過程中，去摸爬滾打，去提升自己的能力。

　　關於什麼才是高品質的社群，不同的人會有不同的標準，同一個人在不同階段也會有自己不同的思考。所以，在加入任何一個社群之前，養成一個習慣，問自己一個問題，我想要從這個社群裡面得到什麼？

　　當然，未知的旅程也不是不好，但有一句話說得好：「我看見才能夠更容易相信。」當我們在社群裡看見其他人做成一件事情之後，會覺得即使這樣一件事情離自己很遙遠，也會相信自己是有可能辦到的。

這也是社群存在的魅力，它讓你原本平凡無味的人生，增加了很多我們想像不到的可能。

接下來，我們來看第二個知識點：

如何多維度連結一個高品質的社群。

其實第一個知識點裡面提到了我的一些標準，同時也說明了應該從哪些維度去連結一個高品質的社群。

那麼為什麼要多維度地去連結一個高品質的社群呢？因為高品質的社群大部分都是要付費的，如果我們沒有辦法創造收益，其實就是沒有利用好這個社群。

在我看來，我們所付出的成本除了付的錢之外，還有我們的時間和精力成本。

所以一定要學會多維度地從一個高端社群裡面去獲得價值。

接下來我從旁觀者和參與者兩個角度進行展開。

旁觀者角度有以下四點：

第一，瞭解社群運營的方法，同時問自己哪些方法是自己在未來建立社群時用得上的。帶著這種解決問題的心態去學習，得到的答案會不一樣。

第二，建立一份認知升級清單，將你在社群裡觀察到的所有能讓我們的認知得到升級的內容全部記錄下來。

第三，建立一份人脈連結清單。不用急著添加群裡的人為好友，但是可以把想要進行連結的人脈納入清單裡，找一個最合適的機會去進行連結。

記得有一次，和我同在一個社群裡的一位老師，推出的新課想要找人助推，我第一時間聯繫了他，並且在公眾號進行了推廣，

這樣他就對我有了初步的印象。之後，我們還在他的主場活動裡見了面，他對我就有了更深的印象。後來，我的新書邀請他做推薦，他很爽快地答應了。

第四，建立一份資源收集表。清晰地知道自己現階段的發展需要什麼資源，並且分析擁有這些資源的人需要什麼樣的說明。看看自己是否有可以幫助對方的地方。

接下來是參與者角度，一共有三點：

第一，當你判斷這個社群的價值很高，那你一定要去參加線下的活動。只有線下活動，才能夠讓人跟人之間的關係走得更近，並且一個高端社群一定是會有線下活動的。

第二，瞭解清楚整個社群的玩法，迅速判斷自己適合參加哪些環節。我的收費上千元的高端社群裡，有一個職位叫作「主理人」。每一個申請這個職位並成為主理人的人，整個月的收穫特別大，這是個人能力提升非常重要的一次鍛煉。

第三，申請成為社群的運營志願者。雖然成為社群的志願者需要付出更多的時間和精力，但是很多參與我的社群志願者服務的人，不止一次跟我說，在志願服務社群中的收穫，比當旁觀者要多好多倍。

最後，我們來看第三個知識點：
連結高品質社群的目的是達成合作。
這些年，我參加過各種各樣不同的高端圈子。關係能夠維持下去的，有一個非常明顯的特點，就是我們之間有過合作。因為只有在合作的過程中，彼此才能更加瞭解和更深度地連結。

　　所以，這些年我也嘗試過非常多的各種各樣的合作，甚至有一些合作，其實本身沒什麼盈利點，但我依然會去做，因為相較於短期的利潤來說，人脈有時候會更加重要。

　　而且我也需要通過持續的、廣泛的合作，為自己找到越來越多正確的方向。

　　那麼，怎樣才能做到「達成合作」呢？有什麼樣的標準嗎？這裡有三個角度：

　　從付費的角度出發：在社群中找到你想要連結的人，進一步為對方付費，可能是他的書、他的產品、他的社群、他的課程，或者是一對一去約他的諮詢。

　　從協助合作角度出發：申請去成為你想要連結的人的助理，近距離和他一起工作。

　　從平等合作的角度出發：如果你有一些好的新的專案，認為能夠給對方帶來價值的，主動去進行連結和溝通。

　　以上就是我們本節的主要內容。本節的要點是：

　　第一，如何定義一個社群是否高品質？

　　第二，如何多維度連結一個高品質的社群？

　　第三，連結高品質社群的目的是達成合作。

　　最後，給大家佈置一個思考和踐行作業：

　　結合本節第一個知識點提到的，設立一份屬於你自己的高端社群的標準，並且從目前正在參加的社群裡，挑一個作為接下來最重要的並且要深度參與的社群。

第 24 節

成爲作家：非科班出身最快出書的秘訣

首先來看本節的第一個知識點：

什麼情況下應該出書，出書有什麼作用？

先分享一下我的寫作故事和出書的一些過程，方便大家瞭解基本情況，看看是否有值得大家借鑒的地方。

我從 2015 年才開始寫作，那個時候的寫作就是練筆，看了一本書後寫寫讀後感。堅持寫讀後感，讓我對知識有了更深入和系統的理解，為之後寫公眾號奠定了堅實的基礎。

2016 年 4 月，在開通公眾號後的第三個月，我寫的文章開始以職場和個人成長兩個方向為主。當關注者僅有 3000 多人時，我收到了某出版社編輯在公眾號後臺的留言，問我要不要出書。

我的第一反應是，這不太可能吧？第二反應是，好，我要出書！

經過反覆的電話交流和見面溝通，最後於 2016 年 10 月簽了出書合同。2017 年 3 月，我交了初稿。2017 年 11 月，我出版了人生中第一本書，銷量還不錯，並且被評為 2017 年「當當網年度十大新銳作家」。

根據我的經驗和從周圍朋友那兒瞭解到的情況，普通人要出書，一般會有兩種情況。

第一種：有一定的粉絲基礎，並且有一定的名氣，寫的文章還不錯，不需要付任何費用就可以直接出書。

　　第二種：沒有粉絲基礎，沒有知名度，寫的文章一般，出版社編輯在跟你簽合同的時候，會對你有一些要求，一般要求你在書出版之後購買一定數量的樣書作為保本。

　　那麼出書對自己到底有什麼幫助呢？

　　第一，新增作家的標籤，有利於個人背書，能擴大個人影響力。

　　第二，因為購書的成本較低，讓用戶瞭解我們的門檻也大大降低。

　　第三，寫書跟寫文章是不一樣的，寫書是整體結構的梳理，不僅需要你有一定的知識儲備，也需要你有統籌全域的能力。寫完書之後，你對自身知識的梳理也會更上一層樓。

　　所以，建議每一個想要打造自己個人品牌的人，尤其是在自己擅長的領域裡，有一定經驗積累的情況下，可以考慮出一本書。

　　聽到這裡，你可能會說，我也想出一本書。但是，怎樣才能夠寫出自己人生中的第一本書呢？

　　接下來我們進入第二個知識點：
　　非科班出身，出書的內容構成四要素。
　　自媒體人出書，有一個非常常見的做法，就是把個人公眾號裡比較熱門的、好評度比較高的文章挑選出來，按內容進行重新歸納，理出不同的章節，出版成書。

　　最開始的時候，我也想以這種方式出書，但想清楚之後會覺得，以這種方式做出來的書品質不是太高。

在我看來，出書的內容構成有四個要素。

第一個要素，開頭一定要寫全新的內容。

如果出的是第一本書，你可以把自己比較有借鑒意義的人生經歷，以故事加方法論的形式寫出來，放到第一章或者第一篇。

以我自己為例，我出的第一本書的第一篇文章寫的是自己從大學到出書前一年的一段人生經歷。而且，我把每一個成長階段會用到的方法都寫了進去，比如我從大學時就開始設定每年的個人目標，我將這種設定目標的方法嵌入到故事中，收到了非常多的好評。

這樣做的一個好處是，大家願意讀完你的書，因為故事總是引人入勝的。

第二個要素，整本書要有詳細的框架和目錄，目錄中至少要有一級標題和二級標題，每個大的章節下面由3—8篇文章構成，這樣會讓人覺得，書的條理非常清晰。

我在寫書的大綱時，參考了很多我喜歡的作家寫的書的目錄，最後選擇了用章標題＋章標題下面3—8篇文章的構成形式。大家可以去看我的書《學習力：如何成為一個有價值的知識變現者》，應該可以從中得到一些啟發和思考。

第三個要素，書的後記必須是新寫的內容，可以寫你最近的一些新動態，或者是一些新的計畫，讓大家對你有更多瞭解，以及對你未來的人生規劃有一些憧憬和期待。

第四個要素，整本書的內容占比構成可以參考：1/3 為公眾號的文章，1/3 為新寫的文章，另外 1/3 為自己課程的精華內容。

這樣做的好處是，我既不會在寫作時感到特別有壓力，又能讓讀者讀起來覺得新穎而有「乾貨」，這樣就是很棒的一本書。

　　我把自己的寫書方法分享給身邊很多和我有類似情況的公眾號的朋友，他們都覺得這樣的構成形式使寫書的壓力不大了。如果你讀到這裡，還是覺得寫作壓力很大，可能是你目前暫時不適合出書，還需要繼續積累。

　　接下來我們來看第三個知識點：

　　出書後，全國簽售很重要。

　　根據我的瞭解，大家對出書是有誤解的：

　　第一，書出版之後，大家認為作者手上有取之不盡的書。

　　第二，書出版出來就行了，出版社會幫我們銷售。

　　真實的情況是，作者手上只有出版社給到的幾十本樣書，而且，像我這樣的銷售的主力軍還是自己。

　　書出版之後，有一件事情非常重要，就是進行全國簽售。但是你一定要跟出版社多交流，讓出版社幫你去爭取一些資源和做一些連結。

　　如果出版社有資源的話，你在全國簽售的落腳點大致是以書店為主。

　　如果出版社給不了資源，你就需要去連結想要去簽售的當地的一些公益讀書組織，比如趁早讀書會等。

　　如果你自身有資源，那就多去做各種類型的宣傳；如果你的粉絲有資源，那就借助他們在當地做各種類型的簽售會。

　　以書帶動自己的影響力，在全國多做一些簽售活動，你會發現整個人的品牌影響力，都得到了很大提升。

　　寫書不是一件容易的事，但它也沒有你想像中那麼難。如果你未來有出書的夢想，希望你現在在看的每一本書，都以作家的

角度去研究一下。期待你能夠早日出書。

以上就是我們本節的主要內容。本節的要點是：

第一，什麼情況下應該出書？出書有什麼作用？

第二，非科班出身，出書的內容構成四要素。

第三，出書後，全國簽售很重要。

最後，給大家佈置一個思考和踐行作業：

挑一本你讀過的最喜歡的書的結構去做研究，假設讓你也出一本類似的書，寫出你的大綱。

第 25 節

副業賺錢蓄水池：搭建你的多維收入管道

做任何事情，如果一直沒有進步，任何人都會感到缺乏成就感，會喪失繼續前行的動力。尤其是在職場中，如果一直都沒有機會升職，我們需要主動去思考，究竟是自己的能力問題還是公司確實沒有升職的空間了。

同樣，很多人無法長期堅持做副業，其原因大概是所從事的副業一直很單調或者投資回報率不高。

本節給大家分享如何搭建副業蓄水池，讓自己有越來越多的副業收入。

我們來看第一個知識點：

如何從做公益開始，賺到第一筆副業收入。

我在探索副業賺錢將近一年時，才有了副業的第一筆收入，而且第一筆收入很少，只有幾百塊錢。

在那之前，我做過非常多的項目。比如我在淘寶上開了淘寶店鋪，會將一些價值比較低的產品設置為免費產品，送給周圍的朋友作為體驗。我也寫過非常多的免費文章去投稿，做過不少一對一的公益諮詢，也有很多平臺邀請我去做分享，但都沒有任何費用。

我的第一筆副業收入是從諮詢平臺上獲得的，得到第一筆諮詢收入之後，我才意識到，原來我是可以通過做副業實現價值變

現的。

從公益到收費，只是一種思維的轉變。所以，我們要善於借助平臺的力量，來幫助自己獲得副業收入。

比如我的「價值變現研習社」，很多學員在入群之前沒有收費的意識，當看到有人在社群裡將打磨出來的產品收費後，才意識到原來自己也是可以進行收費的，所以平臺可以喚醒我們收費的意識。也許收到的費用並不多，但是開啟收費的意識是非常重要的。

另外，在做公益項目時，我們要重視得到的好評和回饋。

受到好評後要記得發到朋友圈，讓身邊的人知道你正在做這樣一些事情，等到他們未來需要相對應的服務時，相信我，他們第一時間會想到你。

當然，要想在副業賺到錢，最重要的一點是我們提供的東西要物超所值。無論是我們賣出一款實體產品，還是我們做諮詢或者是講課，一定會得到別人對產品或者是我們課程的點評和回饋。我們要根據大家的點評和回饋，去不斷提高自己的能力。

以上就是從公益到收費的轉變過程，希望對大家有用。

接下來我們來看第二個知識點：
如何一步步增加副業收入管道。
先分享一下我的副業收入的多個管道：

1. 做代購：在淘寶、朋友圈銷售海外買回來的產品；

2. 寫育兒文章得到的稿費；

3. 做一對一的付費諮詢；

4. 平臺邀請我去做分享的課酬費；

5. 時間管理等多個訓練營的收入；

6. 分銷別人的課程的分銷收入；

7. 會員課程的收入；

8. 半年制「價值變現研習社」的收入；

9. 企業內訓的收入；

10. 公眾號接廣告的收入；

11. 公眾號流量的廣告收入；

12. 公眾號打賞的收入；

13. 和其他平臺合作開課的收入；

14. 分銷天貓上一些品牌用品的收入（這個屬於社交電商的範疇）；

15. 我的孵化平臺上其他老師開課的分成收入。

以上是我探索副業之後，所獲得副業收入的 15 個平臺。

可能大家會覺得，是不是這些收入都特別高？不是的，這些收入有每個月只有幾十塊的，也有每個月高達上百萬的。

副業收入管道多了後，副業收入自然就多了。所以，增加副業收入管道的第一點是：不要嫌錢少，要多去嘗試，因為有時候我們不能純粹用錢來衡量一個收入管道的價值。拿投稿賺稿費這個收入來說，收入很低，但價值很高，因為它可以讓你持續鍛煉自己的寫作能力。

很多人在探索副業初期，會過分計較收入，但如果過分計較的話，就很難讓你的能力得以提升。比如，現在一對一諮詢在我的收入裡占比是極低的，但是一對一諮詢對我來說有兩大好處：

一方面，涌過一對一諮詢，我能夠更加瞭解目標使用者的真實想法；另一方面，通過一對一諮詢，我能夠真真實實地幫助他人。如果既能夠幫助他人，又能夠賺到錢，而且還可以不斷地提升自己的能力，那當然是要繼續往下做的。

增加副業收入管道的第二點是：不要總喊著做減法，在你還沒有成功之前，你需要通過不斷做加法來提升自己的能力。

主副業同時進行並不是一件很輕鬆的事情。想想看，我們的身分多，相應地，我們要做的事情也會變多。這樣雖然會更忙碌，但這對一個人能力的提升也是有很大幫助的。

增加副業收入管道的第三點是：儘量從自己的能力出發去拓展副業管道。舉個例子，我能夠講課，我可以在自己的平臺開訓練營，獲得一個副業管道的收入，也可以跟其他平臺來進行合作獲得收入。這兩個副業管道所需要的能力是一樣的，那麼我就不需要額外花更多時間去提升自己的能力，就能獲得副業收入管道的增加。

接下來，我們來看本節的第三個知識點：
<u>找出副業裡的主要營收項目。</u>
此前，我曾提到不建議大家做減法，但是，人的時間和精力是有限的，在最初期不建議大家做減法，不意味著一直要做加法。那麼，什麼情況下要去調整自己的副業收入管道呢？

當你發現自己的副業收入管道超過五個，副業收入破五萬的時候，就可以開始考慮做減法和聚焦了。

　　此時，你要重點分析自己的哪一個副業身分可以進行重複性的銷售。

　　拿微商朋友為例，做微商時，如果你的關注焦點只是每一天賣出多少產品，說實在話，除非你的粉絲數量非常龐大，否則想要獲得大銷量還是比較難的。

　　但是，如果你有意識地去發展你的合作夥伴，邀請他來跟你一起銷售你的產品，那麼這件事就會變成你來教別人如何進行銷售，這樣既能幫別人帶來收入，還可以收到對方銷售帶來的收入。

　　拿知識付費產品來說，如果我們可以錄製出一套品質非常高的知識付費產品，然後去找不同的平臺進行合作，這個產品一定會是我們主要經營的副業項目。

　　也就是說，在需要做減法的情況下，大家要儘量捨棄那種一對一銷售的副業，儘量選擇可以帶來大批量銷售的副業。

　　總結一下，找出副業裡的主要營收項目有以下三步：

　　第一步，先滿足副業收入管道超過五個、副業收入破五萬這個前提條件，否則你還需要繼續努力；

　　第二步，把所有的副業收入管道羅列出來，算出每一份收入的日薪，比如做微商一個月的收入是 1 萬元，付出的時間是 10 天，那日薪就是 1000 元；

　　第三步，按實際日薪排序，排名靠前的 1—3 個收入管道，是你的主要營收項目。

　　希望大家在探索副業的過程中，一定要有意識地引導自己，不斷地增加副業的收入管道。只要收入管道變多了，才有做減法的資格。

以上就是我們本節的主要內容。本節的要點是：

第一，如何從做公益開始，到拿到第一筆副業收入？

第二，如何一步步增加副業收入管道？

第三，找出副業裡的主要營收項目。

最後，給大家佈置一個思考和踐行作業：

盤點一下自己手上已經在進行的副業項目，哪些目前還是公益的，嘗試進行收費；哪些目前正在收費？怎樣把它升級成一份產品多次銷售的思維？

第 26 節

課程打造法：三個秘訣，
打造屬於自己的爆款課程

在知識付費這個領域，我成功地做過幾個銷量不錯的課程和訓練營，本節想跟大家分享我的一些心得體會和具體可落地 (編按 : 可以實際執行) 的方法。

先看本節的第一個知識點：

以內容品質為基礎打造爆款課程。

如果課程的內容品質不好，在選擇越來越多的情況下，我們的課程一定不會成為大家的第一選擇。所以，如何才能打造出內容品質較好的爆款課程呢？

我從四個維度來給大家做分析。

第一個維度：內容的創新性

常常有學員與我私聊，說不想參加我的時間管理課程，理由是他已經參加過很多時間管理的課程了，但是覺得收穫不大，已經不再想要參加相同主題的課程了。

因為對自己的課程內容非常有信心，我堅持讓這位學員來參加一次由我主講的時間管理課程。這一類型的學員，因為在課程報名之前跟我有過交流，上課的時候會聽得比較認真，上完課之後的收穫也特別多。

與其他的時間管理課程不同，我的時間管理課程不會分享這些課程裡提到的工具，而更多的分享是可落地的方法。

很多人把碎片化時間浪費了，但是我會為碎片化時間賦予一個概念，叫作「閉環」。當我們用碎片化時間看完一篇文章，不要著急去看下一篇，而是應該花一點時間對剛剛看完的文章做1—3點的小結，這樣才會加深對剛剛看完的文章內容的理解。當我們養成這個習慣之後，就再也不會出現每一次看完文章或者看完書就完全忘記裡面的內容的情況。如果學習的內容都記不住，要產生效果是很難的。

第二個維度：內容的可執行性

方法可落地還不行，還需要簡單可執行。我自己是一名寶媽，同時又是一名職場管理人員，還在經營自己的多個副業，所以我非常需要一套簡單、好用而且可執行的時間管理方法，讓自己成為一個真正的高效能人士。

因此，我在時間管理課程裡講了很多方法的應用場景，便於大家聽了之後直接按照應用場景去使用。比如坐公車時，聽課會比看書更方便，當你知道自己坐公車的時間後，選擇相應時間的課程來聽，聽完後還可以思考、總結，吸收的效果才會更好。

第三個維度：內容的知行合一

很多人在這方面會犯的一個錯誤是：自己做不到，卻把從別的地方聽到的方法當成是自己的來進行分享。

如果我們想讓自己的內容有說服力，並且有信心讓大家學了

就能用，最簡單的一個方法，就是當我們知道了一個方法之後，自己要先用起來，用起來之後不要急著分享給別人，而是根據自己在使用過程中遇到的問題，對方法進行一些調整優化，當自己確定好用之後再分享出來，這個才叫作「知行合一」。

第四個維度：內容的反覆運算

這個時代是一直在進步的，我們自己也在不斷進步，同樣我們分享的內容也要有進步。

我的一些訓練營有很多學員會反覆參加，其中的一個原因是，即使我的訓練營每一期內容的框架不會做大的調整，但是案例跟方法的應用都會做更落地的講解，應用的場景也會更加多樣化，這些學員在參加後會覺得有不一樣的收穫。

所以，你的課程內容一定要及時反覆運算。

接下來，我們來看第二個知識點：
課程自帶宣傳屬性，才能成為爆款。
這一部分有三個維度需要大家注意：

第一個維度：課程文案的標題

雖然我很討厭「標題黨」，但我個人認為一個吸引眼球的標題還是非常重要的，在「酒香還怕巷子深」這樣競爭激烈的環境下，每個人都要有意識地宣傳自己和自己的副業產品。

建議大家在取標題這件事情上，每一次都要為自己的課程宣傳文案取至少 10 個以上的標題，再進行篩選。必要時找用戶投票，選出最合適的一個。

第二個維度：課程文案的內容

爆款課程的文案內容一定要有故事性，而且還要有各種能反映課程品質的資料，以及一些學員的好評，這樣才會讓大家對你產生信任，而信任是促成交易成功的一個非常重要的點。

第三個維度：課程文案的口碑

金杯銀盃不如學員的口碑，除了學員的好評外，大家可以在一些公共平臺比如微博上設立一些討論的話題，這些討論的話題會讓大家覺得，我們的課程口碑更具有真實性。

最後，我們來看第三個知識點：
講師講課風格，助力爆款課程。
大家想像一個場景：一個課程的內容非常不錯，宣傳也做得很好，報名的人數也很多，但是講這個課程的老師的聲音很難聽，講的過程當中也沒有什麼活力，大家會覺得這是一個好的課程嗎？

我相信每個人都喜歡美好的事物，這個「美好」包括好看、好聽、好用、有能量等維度，因為我們的課程大部分是線上課，所以好聽跟有能量會更加重要。

第一個維度：講課的能量感

我的很多學員會反覆參加我的課程，一個非常重要的原因是，他們覺得光是聽我講課時富有激情的語調，就感覺課程充滿了能量，就能打起精神來，好好地提升自己。

第二個維度：講課的構成三要素——理論、故事、方法

當然了，光有能量也是不夠的，只有能量，那就是純「雞湯」，我希望我的內容是「帶勺子的雞湯」，大家可以舀起來喝下，然後消化吸收。

所以我的課程的構成是理論＋故事＋方法三個要素，我會講一些很新穎的理論，再去用一些故事讓大家加深理解，最後會總結出方法分享給大家，相信大家在讀這本書的時候也會有這樣的感覺。

第三個維度：講課過程收放自如

你有沒有聽過一些老師在講的過程中，能量很足，內容也不錯，結構也挺好，但就是缺一點收放自如呢？收放自如最能體現在問答環節，因為課程的內容是可以提前準備的，但問題卻需要講師真實有料才能回答得精彩。

有段時間，我每天都會根據自己的課程內容向自己提問，並真實回答這些問題，這個方法能夠很好地鍛煉大家回答學員提出的各種各樣問題的能力。

以上就是我們本節的主要內容。本節的要點是：
第一，打造爆款課程，以內容品質為基礎；
第二，課程自帶宣傳屬性，才能成為爆款；
第三，講師講課風格，助力爆款課程。

最後，給大家佈置一個思考和踐行作業：

　　相信對本節內容感興趣的同學，一定有打造自己課程的計畫。請列一個清單，結合本節的內容，看看哪些點是你具備的，哪些點是你需要改進的，為你的課程做好充分的準備。

第 27 節

如何通過運營打造高價值付費社群，實現副業賺錢

本節的第一個知識點是：

高價值付費社群的四種定位。

我們無論是參加別人的社群還是想要吸引別人來參加我們的社群，都需要對這個社群有一個定位。

一般情況下，高價值付費社群不建議僅僅只是一個聽課的社群。如果想要這個社群具備持續運營下去的能力，我們需要對社群進行定位，並藉由這個定位來展現我們社群的價值。

一般情況下，我認為社群可以有以下四種類型：

第一種是學習服務型社群。

現在市面上價格在 39 元到 199 元之間的課程有很多，這一類型的課程屬於學習型課程，只要你認真學習過，效果都會很不錯。但也存在一部分人，學習能力相對較差，這些人更適合有配套社群進行服務的學習方式。

學習服務型的社群價格一般在 299 元到 799 元之間，付費報名入群之後，配合學習的內容，每天都會有對應的打卡活動。這類社群的目的很簡單，讓大家抱團成長，更好地吸收課程的知識。在這類社群中學習，你也需要做作業，在上課過程當中遇到一些難題可以在答疑環節及時和老師進行溝通。這種類型的社群通常是由課程加運營團隊提供服務構成的。

第二種是沒有課程，以連結為主的高端社群。

一般情況下，這樣的社群需要進行報名篩選。進入這種高端社群的人，無論是自身的人脈還是自己所具備的資源都相對豐富，這樣才能夠在社群裡面實現資源的對接和人脈的連結。

在這種類型的社群中，每個參與的人都有一定的能力，具備一定的人脈資源，所以每個人都是主角。大家互相連結之後，可以產生很多的交流和合作。

第三種是行為養成的服務型社群。

這種類型的社群主題會相對明確，比如說以寫作為主題，每個入群的人只有一個目的，就是要提高自己的寫作能力。整個社群會圍繞著「提高寫作能力」這個目的進行展開，同時有運營人員進行非常強的跟蹤和推進。

這種類型的社群需要有龐大的運營團隊來跟進，讓參加社群的學員能更好地堅持並養成對應的習慣。

第四種是孵化類型的社群。

現在很多人都想把自己打造成有一定影響力的人，但是沒有經驗，也沒有平臺。這種類型的社群需要有非常強的導師，並且具備孵化人才的能力，以及有相對應的運營人員來進行跟蹤。

這種類型的社群需要的是導師＋運營團隊。

以上四種類型的社群是比較常見的，當然社群之間沒有明確的界限，也存在一些社群是以上四種類型裡面任意兩種甚至是四種的混合。

本小節的分享，是為了方便大家結合自己的情況去對號入座，看哪一種類型的社群更符合自己的定位。

接下來，我們來看本節的第二個知識點：

高價值付費社群人員的構成。

高價值付費社群還有一個名稱叫作「社交社群」，既然是社交社群，人的因素就會變得非常重要。

任何一個社群都可以缺少其他的維度，唯獨人是不能缺少的。那麼，在社交社群的構成要素裡，哪四類人是必不可少的呢？

第一類人是社群的創辦人物。

在社群建立的初期，創辦人物可以是一個人，也可以是一個團隊。

無論是一個人還是一個團隊，都算是這個社群的創辦人，或者叫作社群的聯合創始人。

在社群宣傳招生的環節，可以重點宣傳其中一個人，也可以將整個團隊都呈現出來。

社群的創辦人，一定是和社群的定位相關的。舉個例子，你的社群是以寫作為主題的，那麼這個創辦人在寫作上一定是有實戰經驗和知名度的。

第二類人是社群的靈魂人物。

在創辦首期社群的時候，靈魂人物其實是沒有的。你可以邀請一些和社群定位相關的影響力較強的人來背書。

在社群成立之後，要從付費的社群成員裡面挖掘一些可以作為下一期宣傳時進行背書的靈魂人物。大家常常參加各種各樣的

社群，會看到很多社群都是有靈魂人物背書的。

第三類人是社群的付費人物。

也就是我們的目標使用者。你需要通過清晰的定位，讓大家知道這個社群能夠為哪一類型的人提供價值，並且在文案宣傳時，要讓這一類型的用戶清晰地知道自己是符合這個社群定位的，並且可以從這個社群裡面得到相應的甚至是超過他所支付的門票價格的價值。

第四類人是社群的運營人員。

社群的運營人員可以是創始人團隊裡面的一些人，也可以是為了這個社群而招的運營人員。我個人常常會從付費的用戶裡面去挑一些人來做社群運營的志願者，值得注意的是，需要提供給這些運營人員相應的價值，讓他們在付出勞動成本的同時也可以得到相應的能力提升。如果能從中挖掘出能力很不錯的運營人員，可以及時納入自己的運營團隊裡。

以上是運營一個社群必不可少的四類人。接下來，我們來看本節的最後一個知識點：

高價值付費社群的常規運營套路。

我參加過非常多的社群，無論是我參加過的社群還是我自己建立的社群，都會存在一個問題，那就是，社群成立之後，不知道怎麼樣才能夠更好地運營這個社群。

我有近三年的社群運營經驗，給大家分享一些用起來一定不會出錯的運營套路。

第一個套路，為你的社群定一個「能量基調」。

一個社群如果沒有規則的話，可能出現的情況是，有些人在群裡因為對某個觀點的看法不一致而發生爭執。我在社群開營的時候會強調清楚，整個社群的氣氛必須是正能量的，是向上的，如果大家有一些不滿或者是抱怨，可以同運營人員進行私聊來解決，不要在群裡因為某件事情發生爭執。

第二個套路，高端社群一般都會同步建立一個禁言群。

社群還有個問題是，每天的資訊都會特別多，所以建議大家同步建立一個「禁言群」專門用來發佈公告。

參與人員在沒有時間的情況下，只要每天花幾分鐘去看禁言群的關鍵資訊就行。禁言群既可以保證大家不會漏掉重要的資訊，又不需要大家花太多的時間去參與整個社群。

第三個套路，以時間為維度，設置運營的玩法。

首先，關於每天應該做什麼，可以發起一個主題討論，我們把它叫作「每日一問」。討論的內容可以是跟整個社群定位相關的話題，可以是時下的一些熱點問題，也可以從參與的學員裡收集一些問題，作為每日一問的素材。

其次，每週可以有一個學員困惑的診斷。診斷的目的其實也很簡單，每個加入社群的人都希望可以通過社群解決自己的一些困惑和難題。可以挑選一些普遍性的問題，在固定的時間裡面做統一的交流和討論。

同時，每週可以設定一些分享，可以邀請學員們踴躍參加，任何分享都需要通過運營人員進行篩選。

最後，建議每月要有一個開營閉營的儀式，引導大家對自己

整個月的學習情況進行一些複盤，並做好下個月的計畫。

我自己創辦的高端社群是以半年為一期的，以一個月為週期進行複盤和計畫，這樣才能讓社群中的每個人瞭解自己的情況，並繼續精進。

以上就是我們本節的主要內容，我相信有些同學聽完後，會覺得自己目前的狀況還無法踐行所學的知識。如果你未來確實想通過運營社群賺取副業的收入，除了我分享的方法之外，一個非常重要的點是，你需要花大量時間去參與其他人的社群，並認真觀察你所參與和喜歡的社群是如何運營的，為自己未來建立社群做好充分的準備。

本節的要點是：

第一，對號入座，高價值付費社群的四種定位；

第二，高價值付費社群人員的構成；

第三，高價值付費社群常規運營套路。

最後，給大家佈置一個思考和踐行作業：

開啟副業的最大優點是，試錯成本真的比較低，如果你讀完本節內容有很大的收穫，建議你參考我所分享的社群類型，建一個屬於你自己的社群。

第 28 節

副業賺錢方式：找到最適合你的賺錢模式

大家有沒有發現，打開微信刷朋友圈，10 條更新裡面有 8 條都是廣告。

廣告也是五花八門，有賣課程的，有做微商賣產品的，有社交電商賣貨的。

大家看到這些廣告的感覺是不一樣的，有些人覺得很煩躁，乾脆就遮罩了這些人的朋友圈或者是直接刪掉了對方。而有些廣告的文案寫得很用心，產品的圖片海報也很好看，會讓我們覺得這也是一種不錯的副業賺錢模式。

我在本書中多次強調過，如果你試著努力了，找不到自己的優勢、定位，甚至是找不到最適合自己開啟的第一個副業，你要做的不是繼續找到最完美的副業，而是挑一個相對適合自己的副業，先行動起來。

以我為例，最開始時我除了做諮詢行家，同時也嘗試做過育兒平臺的專欄作家，後來發現自己沒有辦法繼續寫育兒文章之後，才轉型做了關於個人成長的公眾號。

那段育兒專欄作家之旅，讓我積累了非常好的寫作經驗。也就是說，我們的第一份副業不一定能堅持做到底，但只要認真對待了，一定可以帶來能力上的累積，為自己的副業打下堅實的基礎。

我希望你不是那個一直處在觀望狀態的自己，正在讀這本書的你，如果還沒有開始任何的行動，說實在話，即使讀完整本書，你也很難開啟副業探索之旅。

哪一種賺錢模式是最適合自己的呢？在本節中，我將會分享五種常見的賺錢模式，期待你能從中找到相對適合自己的模式，開啟你的副業之旅。

我們來看第一種類型的賺錢模式：

低門檻型副業。

無論是我在網上的副業賺錢課，還是千聊平臺上的其他課程，只要你聽過後覺得不錯的，可以點擊右上方分銷出去，只要有人購買就可以獲得相應的收入。最近，千聊還推出了拉人返學費的賺錢方式，只要你成功拉到三個人，就可以免費學習一套課程。

大家在朋友圈看到的各種微商產品，如果有一些產品是你用過並覺得還不錯的，可以順帶問問看代理這個產品的門檻。如果門檻不高，比如說花幾百塊錢就可以成為代理人，建議你也可以試試。

有一些微商產品，除了讓你交錢做代理之外，還會建立社群教你怎麼樣去銷售自己的產品。如果有這種類型的社群，含金量會相對高一些。

再比如說像貝店、有贊商城等，其實都是可以點擊分銷連結銷售平臺上的產品的。

以上講到的幾種副業類型都是低門檻的，這個低門檻是指加入門檻很低，但是能不能銷售出去對你的能力是有要求的。門檻

低不代表好做，銷量好不好就要看你推銷這個產品時的文案以及你的微信好友人數是否足夠了。

這也是為什麼我一直不斷地跟大家強調，要有意識地進行「漲粉」，讓自己朋友圈的人數越來越多的原因。你的微信好友越多，對你未來的副業探索就越有利。

第二種類型的賺錢模式：

服務型副業。

如果你具備一些技能，但是你不具備把這個技能設計成課程以及進行授課的能力，建議你可以從服務型副業做起。

舉一個例子，你知道怎樣把一個 PPT 做好，也可以幫助別人把他的 PPT 美化成非常時尚的版本，但是你不知道該怎樣把這個技能教給別人，那麼你可以將自己的重點定位在服務他人做好PPT 上。

我身邊有很多這種類型的副業變現者。

我自己也用過類似的服務。在最開始探索副業的時候，我被邀請去參加一個大型的活動，因為我自己做的 PPT 特別差，所以我花了幾百元請了一個專業的人幫我做 PPT 美化。

另外，做任何類型的副業，都需要宣傳的海報，但不是每個人都具備做海報的能力。於是就會有人花錢請具備這種能力的人來幫自己做海報。

這種類型的副業就叫作服務型的副業。

如果你是運營人員，你的朋友建立了一個社群，需要運營人員來協助運營這個社群，如果你具備這個能力，你就可以做服務型副業。

服務型副業的特點是需要一個人具備非常強的技能，比如製作 PPT 的能力、製作海報的能力、運營社群的能力等等。

第三種類型的賺錢模式：

平臺合作型副業。

我仔細做過調查，身邊借助平臺來開啟副業的人特別多。這個副業銷售的產品，同樣是包含了實體的產品，或者是知識付費類的產品。

以實體產品為例。成為微商，去銷售各種類型的面膜、口紅等等，就是屬於跟平臺合作型的副業。現在有很多海淘平臺，比如洋蔥、蜜芽等，你交一筆費用之後就可以成為他們的店主，銷售出產品後賺取其中的差價。

知識付費產品的例子就更多了。

比如說，你的寫作能力很強，但是你不具備運營一個公眾號的能力，那麼你可以成為這個公眾號的寫手，通過供稿來賺取副業的收入。

再比如說，你的寫作能力很強，同時又具備演講的能力，但是你沒有粉絲。這個時候，你可以打磨好自己的課程，甚至錄製好課程的試聽版本，去找千聊這種類型的平臺去進行合作。

跟平臺合作，如果你做的是社交電商這一類型的產品，需要有一筆 1000—10000 元不等的啟動資金，以及需要不斷地、有意識地去積累微信好友，這樣才能夠讓產品持續銷售。

如果你跟平臺合作開課，需要具備的是把自己懂得的知識梳理成體系，並把它傳授給他人的能力。

值得注意的是，和平臺合作之後也要有意識地去積累聽過你的課程的用戶，為未來開拓其他副業做好用戶的積累工作。

第四種類型的賺錢模式：

專家型副業。

如果你在職場工作已經超過五年，並且打算在一個行業或者是崗位上深耕下去，可以考慮做專家型副業。專家型副業最常見的是，做與你的能力相匹配的諮詢師。

這一點，你可以學習「第一效應：數位化百倍放大你的影響力」這一節，成為有平臺背書的諮詢師。當然，如果你不符合平臺入駐的資格，但確實又有專業能力，可以做一張海報，在自己的公眾號或者是朋友圈裡定期發佈資訊，推廣自己，證明自己有這項服務。

第五種類型的賺錢模式：

自運營型副業。

自運營型副業是難度最大的。

拿銷售實體產品為例，這類產品不是微商的產品或海淘平臺上的產品，而是需要你自己研發的一款產品。我的學員 A，很喜歡研究護膚品，自己研發出了非常環保的無公害洗臉皂，畢業後一直在業餘時間推銷這款產品，收入並不比主業低。

拿知識付費為例，我的課程打磨出來之後沒有選擇跟平臺合作，而是通過自己的公眾號進行銷售，這就是屬於自運營的副業類型了。

探索副業不難，但要做好真的不是大家想像的那麼簡單。只有持續的行動才能讓副業之旅越來越好，光想不做是沒有任何意義的。

最後，我總結出探索副業之旅上大家必須要具備的幾種能力，如果你現在暫時找不到適合自己的副業，可以花時間在提升這幾種能力上，它們分別是：寫的能力、講的能力、行銷的能力和「漲粉」的能力。

以上就是我們本節的主要內容。本節的要點是：

第一種類型的賺錢模式：低門檻型副業；

第二種類型的賺錢模式：服務型副業；

第三種類型的賺錢模式：平臺合作型副業；

第四種類型的賺錢模式：專家型副業；

第五種類型的賺錢模式：自運營型副業。

最後，給大家佈置一個思考和踐行作業：

選擇最適合你的副業賺錢方式，並列下具體可執行的行動計畫吧。

第 29 節

我的主副業如何才能實現完美平衡

我們來看第一個知識點：

盤點主業，借助主業發展副業。

在探索副業之前我對自己的主業做過一次盤點，為什麼要做盤點呢？如果說我們完全從零開始探索副業，並且把副業做好需要花費非常大的精力。所以這個盤點非常重要，接下來我將分享盤點的四個維度，供大家參考借鑒。

第一個維度：主業的專業技能

我探索副業的第一個身分，是從我的主業——搜尋引擎行銷這個專業技能裡面去展開的，在 Z 諮詢平臺申請成為搜尋引擎的專家。

這會讓我在探索副業的時候，不需要再額外去學習一些專業知識，這樣整個展開過程就非常順暢。

如果你不知道怎麼盤點自己主業上的專業技能，有個很簡單的方法，你不妨去看看這個崗位的職位要求是怎麼寫的，裡面會提到要想應聘上這個崗位，你需要具備哪些能力。當然，有一種情況是，因為你的能力不足，你可能不具備該職位所需要的能力，但這也不是壞事，找到自己工作做得不夠優秀的原因，你需要做的是，迅速提升你在這方面的能力。

第二個維度：主業上的時間優勢

很多人會在自己非常忙碌的情況下，還想要嘗試去探索自己的副業，其實我是不太贊同的。如果你的主業非常忙碌，並且你有把握把它做成一項成功的事業，在這種情況下，我建議還是要把注意力放在自己的主業上。

我開始探索副業主要是因為對主業已經駕輕就熟了，在完成每一天的工作之後，我還有大量的空餘時間，於是我選擇把這些空餘下來的時間用來探索自己的副業。如果你在主業還沒理順又特別忙碌的情況下去探索副業，整個人其實會很焦慮。

第三個維度：主業上管理能力的優勢

我在探索副業開始有收入時，就已經花錢請助理來幫忙了。這跟我在職場上帶過團隊有很大關係。

我身邊有很多人在探索副業時喜歡單打獨鬥，其實，一個人的力量是有限的，一旦確定好副業並開始有收入時，就可以馬上請助理，這樣才是最合理的做法。

不過值得注意的是，找助理不是為了讓自己完全空閒下來，而是可以用多出來的時間去做更重要的事情。

第四個維度：資源上的優勢

我的情況比較特殊，我的副業是完全沒有借助自己的主業的，因為我的副業跟主業在產品上沒有太大的關係，所以我選擇了遮罩主業的同事去開展自己的副業。相信有不少人和我的情況

類似，因為主業的原因，不方便去探索副業甚至選擇放棄探索副業。其實，完全不需要這樣做，你可以另建一個微信號去開展副業，只要將微信頭像和微信名換掉即可。

如果你確定自己想要發展的副業跟主業比較吻合，那你可以適當借助一些主業的資源。比如，你在主業上有一些人脈資源，在主副業同時開展時，確實不太方便去用，但當你辭掉主業後，這些資源是可以為你所用的。所以，你一定要有意識地經營好未來有用的高價值人脈。

如果你能按照以上四個維度做一次盤點，就能從中發現，副業的開啟是可以從主業中做好借鑒和延伸的，你不必從零開始探索副業。

接下來，我們來看第二個知識點：

如何利用上班時間鍛煉主副業都可以用得上的通用能力？

工作後，每個人身上都具備了一些能力，這個能力不僅有主業上的專業能力，也包括你在很多地方都能發揮到的通用能力。以我自己為例，我的主副業同時都要用到的能力有行銷、演講和專案管理的能力。

這些能力並不會因為我辭掉正在從事的工作，換一個行業就沒有用了，而是無論我們做什麼樣的工作都會用到。

我身邊有一部分探索副業的人，在主業上的時間是相對自由的，但卻不好意思利用上班的時間和平臺的資源為自己的副業做一些準備。這個想法其實沒有什麼錯誤，但是，如果你想在主副業上快速提升自我，那麼，你可以利用上班時間鍛煉自己在主副

業都可以用得上的通用能力。你可以列一份能力提升清單，然後充分利用上班的空餘時間，去做相應能力的提升。

我的專案管理能力，就是利用職場上的空餘時間學習到的。

那是我的第二份工作，在工作開展半年之後，我發現這份工作急需專案管理的能力。於是，我買了大量關於專案管理的書，一有時間，就拿出書並配合線上課進行學習。我把學習到的方法，也馬上用在了主業上，效果特別好。我的老闆得知我為了工作那麼努力，還專門給我申請了上千元的學習經費。後來，我成功跳槽到某互聯網公司當運營總監，也是因為具備了專案管理的能力。後來，我又把專案管理能力運用到了我的副業上。

副業其實是一種輕創業的模式，你就是這個副業的 CEO，你的眼光和格局一定要比你在職場上更高和更全面。所以，有機會的話，我們可以利用職務上的便利，去觀察公司的老闆，看他是怎樣管理好整個公司的。

如果你覺得觀察公司的老闆對你來說有難度，那麼，你可以觀察一下你的直屬上司，看看他是怎樣去管理整個團隊的。

我們常說，在所有類型的學習中，向人學習是最快速的。在職場上，你可以向比自己更厲害的人去學習帶團隊和做事情的經驗。

我的職業生涯其實只有六年的時間，但是我一直都特別願意去做不同類型的工作，目的也很簡單，未來我想要自己創業，那麼，成本最低的試錯方式就是利用公司的平臺和資源去鍛煉一切可以鍛煉到的能力。因為很多的能力，我已經在工作中得到了充分的鍛煉，所以我的創業之路也一直都比較順利。

　　針對上面的內容，我來做個小結，大家可以按照以下三個步驟去鍛煉自己的通用能力。

　　第一步，找到自己主副業都能用得到的通用能力；

　　第二步，利用上班空餘時間進行通用能力的鍛煉；

　　第三步，向公司的上司和老闆學習，讓自己具備比自己的崗位所要求的更高的能力。

　　最後，我們來看第三個知識點：

　　把主業和副業都當成人生必不可少的一個部分。

　　在時間上，如果你選擇了主副業同時進行，會很難把個人生活與主副業區分開來。這時，你一定要調整好心態，把主副業都當成一件普通的事來做，這樣就會大大降低焦慮感。

　　我自己的習慣是，如果有事情，我就會立即去處理；如果沒事情或事情不多，我就會比較放鬆，去享受自己的生活。

　　其實，經營副業也就相當於創業，創業的人沒有太明顯的上下班時間，只要有事，就隨時去處理。如果你不能接受這一點，就要考慮自己是否適合去探索副業了。

　　在探索副業的過程中，確實會比較痛苦，最開始時，我也是不能接受這種時時刻刻都要處理工作的狀況，但後來調整好思路後，將處理工作看成一件很自然的事，就能更好地接受。

　　人的能力都是在踐行的過程中提升的，在適應階段是最痛苦的，但如果你能將它當作一件普通的事來做，能接受這份痛苦，那麼，你就能處理好主副業之間的平衡。

　　以上就是我們本節的主要內容。本節的要點是：

第一，盤點主業，借助主業發展副業。

第二，如何利用上班時間鍛煉主副業都可以用得上的通用能力？

第三，把主業和副業都當成是人生必不可少的一個部分。

最後，給大家佈置一個思考和踐行作業：

如果讓你找出在你看來主副業都用得到的兩個技能，你覺得會是什麼技能？

第 30 節

變副業為主業的三個標準，你符合嗎

問大家一個問題：如果你要換工作，是選擇繼續做正在做的工作的同時去找新的工作機會，還是辭職之後全力以赴去找新的工作？

我個人的習慣是，如果要跳槽的話，我會待在原來的工作崗位，擠出時間去投簡歷以及去面試。這麼做的好處是，我可以根據市場的真實情況來判斷當下是不是一個最適合跳槽的時機。同時，因為我還在現在的公司工作著，跟新公司談判的籌碼也比較多。如果是辭了職再去找工作，心態不會太好，也會特別焦慮。

同樣，如果我們在副業剛有一點點起色的時候，就完全辭掉自己的主業，並不是一個太理智的做法。那麼，什麼情況下，我們可以完全辭掉主業，把副業變成主業呢？分享我的三個標準給大家，讓大家在做選擇的時候，內心更加有方向，也更加篤定。

接下來，我們來看變副業為主業的第一個標準：

主業已無任何可取之處。

主業無任何可取之處的評判維度是什麼呢？接下來我將給大家分享五個維度：

第一個維度：主業完全佔據了所有的時間。

我們生而為人不是只有工作的，如果主業完完全全佔據了

自己的所有時間，甚至是連睡覺的時間都越來越少，說實在話，這樣的工作即使再好，我都建議大家要去跟公司談一談，看看有沒有調整的空間，如果真的沒法調整，建議辭職。但如果你發現自己每到一個公司都會出現類似的情況，極可能是你個人能力不足，那麼重點要提高的是自己做事的效率，我們要學會誠實地面對自己真實的情況。

第二個維度：你真的特別厭倦自己的工作。

在進行副業的同時，一想到要上班，就覺得特別痛苦，並且每天上班都不想做跟工作相關的事情。說實在話，這種情況下繼續做著主業，對你來說是一種巨大的消耗。即使主業能給自己帶來比較穩定的收入，也不太建議繼續做下去。

第三個維度：本來就已經有了跳槽的計畫。

這種情況下，不建議你馬上去找下一份工作，除非你能找到一份閑餘時間比較充裕的工作。但是，換到一份新的工作，閑餘時間不太可能很充裕。所以，如果你本身就有計劃要跳槽的，建議你乾脆給自己三個月到半年的時間，全力以赴地去做自己的副業。在這種情況下，如果副業沒有很大的起色，你可以考慮重返職場，去找一份新的工作。

第四個維度：主業沒有任何提升的空間。

職場上沒有提升的空間，有兩個關鍵的客觀因素：一是公司不具備非常明晰的上升通道，二是你的直屬上司是一個比較狹隘的人，處處壓制下屬，不給下屬升職的機會。

第五個維度：你所在的公司知道你正在做副業這件事情，並且不同意。

建議在衝突還沒有激化之前主動辭職，不要在職場上和老闆發生爭執。

接下來，我們來看變副業為主業的第二個標準：

長期穩定的副業收入。

我有一個朋友，他在副業收入只有兩個月超過自己的主業收入時，選擇了辭職。辭職後的第二個月，他就發現自己的副業收入越來越少了，甚至某個月的副業收入只有幾百塊錢。

常常會聽身邊人說，當我們的副業收入超過主業的時候，就可以選擇辭職了。在我看來，當你的副業收入有兩三次超過主業收入時，不代表這會是一個穩定的狀態。建議大家在考慮把副業變成主業的時候，一定要確認自己的副業收入的管道是不是夠多，並且，要為自己未來半年的副業發展計畫做好準備。

2016 年 3 月，我的副業收入超過主業收入。那時，我沒有選擇辭職，因為我對未來的發展還沒有頭緒，我無法確認自己單一管道的副業收入是否能夠長期超過自己的主業收入，所以，在接下來的時間裡，我不斷地去拓展自己的副業收入管道，並漸漸把自己副業收入的一部分按月固定了下來。

總的來說，長期穩定的副業收入有以下兩個維度需要確認：

第一個維度，確認至少要有兩個以上的副業收入管道，即使其中一個沒有穩定的收入，還會有其他的收入管道。

第二個維度，確認副業收入管道裡至少有一個是有固定收入的，比如每個月都會開訓練營課程，會有相對應的收入。

最後，第三個標準：

辭了主業後，副業收入會有明顯的提升。

我身邊也有很多朋友在副業稍微有點起色之後就考慮辭職，原因是，覺得同時兼顧主副業太辛苦了。我想跟大家分享的是，辛苦歸辛苦，但能力一定是在環境中鍛鍊出來的。如果你想做成更多的事情，有一定壓力的環境和一定強度的工作量能讓一個人更快地成長。拿我來舉例，在同時兼顧主業和副業的一年多時間裡，我的能力得到了很大的鍛鍊和提升。

我辭職的一個非常重要的原因是，主業佔據了我太多的時間，我因此拒絕了非常多的副業合作機會。後來我轉念一想，或許辭掉主業之後，我就有充分的時間去把原本拒絕掉的副業機會重新找回來。

有了這麼一個思考之後，我才決定辭職，而在那之前，我其實一直都在主業和副業之間徘徊不定。

我也經歷過非常慘的情況，印象特別深刻，某天晚上 8 點，我需要進行副業的網上講課，但是臨時接到主業所在公司開會的通知。會議開到晚上 7 點 30 分時，我意識到沒有辦法趕回家準時開課了，於是，我快速做了一個決定，如果會議能在晚上 7 點 50 分之前結束，我可以在公司附近的咖啡館講課。最後的情況是，會議真的在晚上 7 點 50 分的時候結束了，我以家裡有事為由快速衝出公司，來到附近的咖啡館。慶幸的是，那一次我的課程進行得很順利。

我不止一次遇到過這種需要臨時處理的狀況，而當這種狀況出現次數多了，我發現自己處理事情的心態和反應能力都變得很強。

我的副業月收入第一次突破 100 萬就是在辭掉主業的那個月，確定要辭掉主業後，我並沒有給自己放鬆的時間，而是快速把之前推掉的合作機會全部提上了日程。

當你的副業變成主業之後，壓力會大很多，所以在轉變之前，你一定要做好充分的準備。我是為自己可能會遇到的狀況做了比較充分的準備後，才做出選擇的，所以我的主副業切換得非常順利。現在，一切都在有條不紊地進行，即使遇到了難題，我也有足夠的能力化解。

那麼，如何判斷副業會有明顯的起色呢？有以下兩個維度：

從能力的維度出發：在同時處理主副業的時間裡，鍛煉出了很好的兼顧多項任務的能力。

從未來合作項目的維度出發：至少有長達半年的合作專案，可以自己獨立操作。

以上就是我們本節的主要內容。本節的要點是：

變副業為主業的三個標準：

第一個標準：主業已無任何可取之處；

第二個標準：長期穩定的副業收入；

第三個標準：辭了主業後，副業會有明顯的提升。

最後，給大家佈置一個思考和踐行作業：

結合本節的第一個標準，確認自己的主業是否已經完全無可取之處。如果是，請有意識地減少花在主業上的時間，並且為自己的副業收入管道的開拓制訂詳細的計畫。

第 31 節
避開做副業遇到的「坑」，帶你少走彎路

在這一節中，我將把我從事副業時如何「避坑」的經驗詳細分享給大家。雖然在副業這條路上我做得還不夠好，經驗也不是特別豐富，但是我希望把我遇到的一些問題和「避坑」經驗以及身邊做副業的人給我的一些啟發和思考，分享給大家，幫助大家少走彎路。

第一個「坑」：不要懼怕試錯，但要降低試錯成本。

張愛玲說「出名要趁早」。在這兩年多的時間裡，我感悟更多的是，犯錯也要趁早。

以我們有限的人生來說，當下就是我們最年輕的時候，大家都知道，越年輕，試錯的成本越低。試錯是一種行動，光想是解決不了任何問題的！

那如何做，才能夠降低試錯的成本呢？有一個概念叫作「最小可行性產品」，還有一本書叫作《精益創業》，無論是「最小可行性產品」還是「精益創業」，這兩個概念都告訴我們，在做副業的過程當中，無論是我們經營的產品還是推進的一個專案，都要在不斷測試的過程中進行優化，而不是想著一次性做到完美。

比如說，我們設計了一套課程，不要等這個課程沒有任何問題時才推向市場，而是當這個課程已經能夠幫助別人解決某個問題時，就可以到市場上進行發佈了。當然，如果你對自己的產品

不夠有信心，可以以最低的成本甚至是免費的價格去做測試，收到回饋之後，再快速去優化和調整。這樣的試錯成本，無論是時間還是金錢，都是最低的。

第二個「坑」：給自己的人生設限。

有時，當你看到別人做成了一件事，你不相信，或者，即使相信了，也覺得這麼一件好事不可能發生在自己身上。

馬雲說：「相信就能夠做得到。」我身邊跟我一樣發展得還不錯的人，都相信自己的能力是無上限的。

「能力無上限」是指當我們遇到一個機會，甚至是看到別人做成一件事情的時候，我們不去質疑他，而是也有試一試的心態。在試一試的過程中，極有可能就把這樣一件事情做好了。

下一次，當你的第一反應是否定自己、質疑他人時，不妨想一想，我該怎麼做，才能也像他人一樣呢？

第三個「坑」：做事業沒有願景，甚至把賺錢作為創辦事業的唯一目標。

什麼叫做事的願景呢？通俗地說，就是你提供的產品或者服務能夠切切實實給其他人帶來價值，能夠影響到其他人。

如果金錢是驅動我們向前的唯一動力，我們要做的任何事情都是極難成功的。我非常認可的一個觀點是，把事情做好之後，錢自然而然就會到來了。

如果我們純粹是為了賺錢而去探索副業或者去創業，很可能只能賺到一些小錢，而且會特別辛苦，因為你得不到別人因為你的產品和服務受益後發自內心的感激。

　　所以，我在做任何副業專案的時候都會問自己，到底是只為了賺錢，還是在為別人提供價值的同時賺到錢？

第四個「坑」：事業版圖盲目擴大，能力跟不上野心。

　　路要一步一步走，飯也要一口一口吃。

　　在最近半年，我經常會看到朋友圈裡有些朋友在發佈自己的副業項目時，僅僅只是在「打雞血」(編按：人處於亢奮或是興奮的狀態)，沒有任何實質性的產品或者服務。我也在諮詢平臺上收到過一些創業者的諮詢，對我說內心非常焦慮，因為對外公開承諾的服務，最後無法按實際交付。

　　我也看到一些老師，他們的課程大綱、內容、PPT 等都是借助外部的內容團隊製作的，只是用自己的影響力去做宣傳和售賣，這是非常不負責任的一種做法。

　　當你發現自己在增加新項目時，每一步都走得非常困難，那就需要停下來思考，自己的做法是否正確以及怎麼樣才能夠讓自己的能力真正配得上自己的野心。

第五個「坑」：不懂放權，什麼事情都親力親為。

　　前段時間，我花了很多錢去參加各種培訓，在一節課上，聽到了這麼一個觀點：如果你發現目前正在創業的專案，任何事情都需要親力親為，你不是在創業，你頂多是一個個體戶。

　　每個創業者，尤其是帶了團隊的創業者，都要問自己，有沒有戰略佈局和管理團隊的能力。你的下屬職權分明嗎？有各自負責的專案嗎？當他們在推進專案時，你在其中擔當的角色是什麼？是事事親力親為，還是懂得放權和賦能？

　　很多帶團隊的領導或者創業者，覺得只有自己是優秀的，只有自己才能夠把事情做到 100 分，所以不願意給自己的下屬成

長的空間。這樣做的後果是，被瑣事纏身的你沒有時間去思考整個公司的方向和佈局，導致整個創業項目的發展都進入了惡性循環，員工的流失率也非常高。

那麼，怎麼做才能夠學會正確的放權？找一個安靜的時間，把自己正在做的創業專案梳理一下，要麼按專案去分配對應的負責人，要麼按職責來找到有能力的員工進行跟進，並且區分好哪些事情是自己負責的，哪些事情只要負責跟進進度就好了，甚至是有些事情可以完全放手。每個團隊領導者只有這樣做，才能夠讓整個團隊越來越成熟，讓整個公司進入正向的發展。

第六個「坑」：單打獨鬥，缺乏合作精神。

在創業的過程中，尤其是作為一個初級創業者，是非常需要跟外部的平臺以及其他創業者進行一些項目的合作的。

但是我們最容易陷入的一種情況是，自視甚高，覺得自己天下無敵，不把別人放在眼裡。能夠創辦一個團隊或者是一家公司的人，能力都不會太差。而這類人，也最容易對自己過分高估和盲目自信。

2019 年，我對自己的要求是：走出去。我要走出去大量學習，我要走出去跟其他的人合作。在開展副業或創業的過程中，如果有比我們起步晚一點的後輩需要我們提供一些支援或者幫助，在能力所及的情況下，我們要儘量去幫助對方。這也是我為什麼會創辦各種孵化平臺以及創業平臺的原因。

我在生完小孩的第三個月，就開始跟我的兩個朋友薇安和阿佳一起創辦了一家女性智慧商學院。很多人會問，你剛生完小孩就那麼拼，有必要嗎？真的有必要，因為我希望自己是那個不斷進步、不會被時代拋棄的人。

第七個「坑」：停止學習，止步不前。

前些日子，我參加了一個飯局。飯局結束之後，我跟其中一個創業者一起回家，在回家路上，我聊到了最近在看的書，想和對方交流一下。等我侃侃而談說完自己的讀後感時，他歎了一口氣跟我說，因為最近太忙了，他已經有很長一段時間沒有看書和學習了。

我非常驚訝，他跟我一樣是做教育的，如果不去學習提升和自我反覆運算，哪有最好的狀態去呈現給跟他一起學習進步的同學們呢？

越學習才會越謙卑，只有在不斷學習的過程中才能發現自己身上的不足，進而去補齊自己的不足。所以，每一個創業者，都應該保持學習的節奏。

我個人的學習計畫是這樣的：

第一，每個季度一定要外出學習一次，這樣既能更新自己的認知，又可以通過線下學習去連結不同的人脈。

第二，每天至少要花兩個小時的時間去看書、聽課和梳理自己的知識框架。

第三，與人交流，這個人可能是我的學員，可能是我的合作夥伴，也可能是其他領域裡的專家。一定要保持跟人多交流的習慣，因為，在跟別人交談的過程中，可以得到很多很重要的資訊。

以上就是我們本節的主要內容，本節的要點是把我做副業過程中遇到的七個「坑」分享給大家，希望對大家有啟發。

最後，給大家佈置一個思考和踐行作業：

本節分享的七個「坑」，請一一對號入座，分析自己是否存在相應的問題。如果存在，你的思考是什麼？你的計畫會怎樣調整？

第 32 節
答疑環節

最近收到很多用戶的問題，我挑選了八個具有代表性的問題來回答，希望能給你帶來啟發。

1. 我在讀這本書的時候很有感覺，但是自己執行力差，又排除不了外界的干擾，該怎麼辦呢？

謝謝你的提問，這個問題裡面其實包含了兩層意思：

第一層：讀的時候很有感覺，你所謂的感覺具體是指什麼呢？請把你覺得好的地方詳細地寫下來，寫下來之後加上自己的思考，這樣執行起來會容易很多。

把你認為有感覺的部分羅列成真實的、具體可以執行的清單。

第二層：你提到排除不了外界的干擾，請列出外界對你的干擾具體是指什麼？

有可能周邊的人對你根本就不在意，但是你通過想像徒增了很多並不存在的煩惱。當你列出來的時候，你會發現，好像周圍的人並沒有自己想像中的那麼關注自己。

只有你把真實情況寫下來之後，才能排除掉這些干擾。

如果你很介意身邊的人對你的看法，那就在微信上宣傳時，遮罩這些人，利用互聯網上新認識的人去開展自己的副業。

2. 如果副業有多管道的收入，可以同時在朋友圈進行發佈嗎？這樣會不會影響朋友圈的定位？

謝謝你的提問。我個人不建議多管道的副業同時在朋友圈發佈。

有以下三點供你參考：

第一，把所有副業管道羅列下來，找出多管道收入之間的共同點。如果是有共同點的，可以在朋友圈同時發佈。

第二，並不是所有的副業都依託朋友圈，你可以借助社群或者是朋友圈分組的形式來宣傳一些並沒有那麼重要的副業，也就是先做一些測試。如果大家的接受度還可以，並且宣傳的轉化率也不錯，就可以納入到朋友圈的正常宣傳軌道上來。

第三，如果你做的副業類型很多，而且跨度特別大，肯定會影響你在朋友圈的定位。我在前文也提到過，在最開始的時候我們要做加法，但等到你的副業收入管道比較多時，你可能需要結合自己時間和精力以及副業的價值去做取捨了。

3. 我在美國有一些不錯的教育資源和人脈，但是苦於人不在國內，推廣起來感覺隔靴搔癢。與國內的合作者進行合作時，我們的利潤常被壓得比較低，或者無法將品牌彰顯出來。想請教老師，在什麼樣的平臺推廣可以迅速建立品牌？如何解決這樣的合作問題？

謝謝你的提問。

第一點，人不在國內，推廣起來感覺隔靴搔癢，這是你的錯覺。

　　我在懷孕和生完小孩之後，甚至是以前還在主副業同時兼顧時，基本上所有的工作都是在互聯網上進行推廣的，所以不要以「人在國外」作為推廣效果差的原因，而是應該去看怎麼樣能夠克服這樣的阻礙，比如請一個國內的助理來幫你打理。

　　第二點，你說，合作的時候利潤被壓得很低，品牌無法彰顯。利潤低和品牌無法彰顯，是兩件事，你要想明白現階段是要利潤還是要品牌。如果要利潤，那你要自建平臺，做自運營，利潤率會很高；如果你要品牌，利潤率低，平臺才會更願意幫你宣傳，曝光率也就更高了。但這一切都有前提，那就是你的產品要足夠好！

　　第三點，什麼樣的平臺可以快速建立自己的品牌？我在「第一效應：數位化百倍放大你的影響力」裡面提到過，你可以重讀這部分的內容。

　　在品牌彰顯這件事情上，平臺對所有的講師都是一視同仁的，如果你的課程內容足夠好，學員聽完你的課程之後，一定會想辦法來找你。

　　所以你需要做的是，在互聯網上留下你的痕跡，讓大家可以找到你，比如說你可以建立自己的公眾號，或者寫出爆款文章被各大平臺轉載，甚至是創建自己名字的百度詞條。

　　最後，關於利潤這件事，我個人認為，在最開始打造自己個人品牌的時候不要太在意這一點。當你有了一定的知名度後，賺錢只是隨之而來的事情。

　　4. 老師您好，想請教一下您：一天的專注學習時間是不是不宜過長呢？我感覺時間一長效率似乎就不怎麼高了，很好奇您是

怎麼兼顧到同時做好那麼多事情的。

　　謝謝你的提問。專注時間的長短要看每個人的狀態以及每個人在一天中的哪個時間段適合長時間專注。

　　我自己在白天的狀態是特別好的，專注時間可以很長，但是晚上就無法做到長時間的專注，所以晚上大多用來陪伴家人。我身邊也有一些人在晚上的專注狀態特別好，在白天就比較差。所以，我們要根據自身情況，找到自己狀態最好的時段。

　　至於你提到的專注時長是不是越長越不好，我個人並不這麼認為。如果你在專注的狀態下能夠完成很多事情，個人又不覺得疲憊，那你就不需要停下來。但是，如果你長期專注會覺得特別累，那你可以按照 25 分鐘專注＋5 分鐘休息的方式做一件事，讓自己的精力在專注後很快得到恢復。

　　5. 老師您好，我是一位小學老師，平時工作很忙，我的孩子上小學二年級，報了五個興趣班，我經常感覺自己的時間不夠用，但是一天下來，似乎也沒有什麼提升。想問一下您，您是怎麼合理安排時間的？如何才能既兼顧主副業，又能照顧到孩子和家庭？

　　謝謝你的提問。

　　結合你的情況，我這裡簡單地說一些方法吧。

　　第一點，在工作上竭力提升自己的效率。如果你能在工作中擠出時間，就把這些時間全部用在自我提升上。另外，上下班路上的時間也可以用來提升自我。

　　第二點，陪小孩上興趣班時，可以利用在外面等待的時間進行學習，而不是刷手機。

　　第三點，專注陪伴小孩的時候，不要有其他任何的雜念，全身心去陪伴對方，並且有意識地培養小孩養成良好的習慣。比如我兒子每天晚上到了 9 點就會去睡覺，在他睡覺之後，我還有一定的學習時間。

　　你可以先按照以上的建議去試一試，期待你的時間管理能力越來越強，也期待你有時間去上我的時間管理課。

　　6. 老師之前講到，參加線下活動，去認識更多優秀的人，向他們學習。我想問一下，有哪些途徑可以找到更多適合自己的線下活動（包括免費的和付費的）？線下活動的時間通常都比較短，那麼，如何在這麼短的時間內發現那些優秀的人，並且更好地和他們建立聯繫呢？

　　謝謝你的提問。

　　我不知道你在哪個城市，所以我只能給你一些如何去找線下活動的通用方法。

　　第一種方式：比如我自己常常會辦一些線下活動，你可以留意我的朋友圈或者公眾號。同樣的道理，你喜歡的其他老師也會舉辦一些相類似的線下活動，如果有的話可以報名去參加。

　　第二種方式：在微信上查一下有沒有一些讀書會組織的活動，比如深圳讀書會，他們常常會舉辦一些線下活動。

　　第三種方式：留意你所參加課程的社群裡面，有沒有其他同學舉辦線下活動或者參加過線下活動，和他們熟悉後，你可以跟著一起去參加活動。

關於「如何線上下活動發現那些優秀的人」這個問題，我自己通常的做法是，去留意以下三種類型的人：線上下做分享的人、組織線下活動的人和線上下活動中比較活躍的人。

每一場線下活動，我只會要求自己最多認識三個人，因為多了的話就沒辦法進行深度交流。在最開始參加線下活動的時候，可以要求自己每次只認識一個人就好了。當然，人跟人之間的連結是建立在價值交換基礎之上的，所以，你在參加線下活動之前也要不斷提升自己的能力。如果能夠線上下活動中通過自己能力的展現去吸引到其他人，那麼，連結一個人也會變得很簡單。

7. 我想向老師諮詢一下，如何才能夠讓別人付費或者打賞？因為微信裡經常有人向我諮詢問題，不回答，感覺不太好；回答，又真的挺費時間。

謝謝你的提問。

如果微信裡經常有人向你諮詢問題，你可以做一個上面附帶收款二維碼的海報，海報上也要寫得非常清楚，你能夠幫對方解決什麼類型的問題。

當下一次他們問你的問題是你能解決的，你可以把海報發給對方，告訴對方，因為問題太過複雜了，你需要通過交流才能夠給出很好的建議。

我自己常用這種方法，當然，不可能每一個人都會為你付費，但是真想從你身上學到知識的人，他一定是肯為你付費的。

但是，你自己也要有足夠的能力，當你收了別人的錢後，要能夠為他人提供優質的服務。

8. 老師在課程裡講到，可以和自己朋友圈人數接近的朋友互推，那麼，怎樣才能知道自己和別人朋友圈的人數接近呢？還是說，這個方法只適用於身邊熟悉的人？

謝謝你的提問。

關於「如何才能知道自己的朋友圈人數和其他人接近」這個問題，你可以直接在朋友圈發佈一條資訊，告訴大家你的朋友圈人數是多少，問有沒有人有興趣跟你進行互推「漲粉」。這個方法非常簡單，也很乾脆，看得明白的人自然會找你的。

附　錄 ▶▶

精力管理篇

第一篇

三種專注力場景模式解析，為你的專注力保駕護航

互聯網有一個非常流行的公式——專注力＞時間＞金錢，這個公式表明專注力是一種非常重要的能力。我們只有保持高度的專注力，才能讓自己的人生更加高效。

在本節中，我將會從三種場景出發，來分享如何為我們的專注力保駕護航。

第一種：每個人每一天都要為自己至少找到一段 30 分鐘的專注時間。

我之所以在開頭來講這一點，目的非常簡單。因為太多人不重視自己的專注力資源，即使他們擁有大量的時間，也會被人為地切割、碎片化並浪費掉。

我相信還有一些人是確實找不到自己的專注力時間。

比如，你的老闆跟你說，希望你在未來 30 天的時間裡，每天能留出 30 分鐘的時間來跟他交流，稱這樣對你未來的升職和加薪會有幫助。又比如，你的客戶對你說，希望你在未來 30 天的時間裡，每天能留 30 分鐘的時間來跟他進行合作方面的交流，他才會在你身上追加合作的金額。

在這種情況下，你的老闆和你的客戶都提出了這個 30 分鐘的要求，你會拒絕嗎？

　　我相信你一定不會。但我想要強調的是，你的人生當中，最重要的客戶和老闆其實是你自己。請你一定要每天給自己留至少一段 30 分鐘的時間。

　　如果按照 30 分鐘來算，我每天至少會有四段專注的時間，這也是為什麼我的效率可以那麼高的重要因素之一。

　　這段 30 分鐘的專注時間，可以是早起後的時間、上下班通勤路上的時間、提前到達公司後思考的時間或下班後在家裡的時間，如果你和我一樣是寶媽，從照顧寶寶睡覺之後到自己睡覺之前的這段時間，也能擠出一段 30 分鐘的專注時間。

　　試著記錄自己一整天使用時間的情況，可以更加容易找到你的專注時間。

第二種：無人打擾的情況下，如何保持專注力？

　　有時，在沒有任何人打擾的情況下，你看起來是在很專注地閱讀一本書，但是 30 分鐘後，發現那本書講的什麼內容，已經完全忘記了。

　　這是因為，在閱讀的過程中，你的頭腦出現了各種各樣的想法，根本沒有靜下心來去讀書中的內容。

　　請大家想像一個場景：

　　假設今天是「雙十一」，你給自己安排了 30 分鐘的閱讀時間。當你讀到第 5 分鐘的時候，你的頭腦中出現了一個念頭：我前兩天添加在淘寶購物車裡的那些物品好像還沒有付款，我現在要馬上去付。

　　你是不是會放下自己正在閱讀的書，選擇去給淘寶購物車裡的用品付款？而且付完款之後，你還會抑制不住地繼續瀏覽淘寶

店鋪，這樣不知不覺兩個小時就過去了。

看到這裡，是不是感覺這描述的簡直就是你自己呢？

遇到這種情況你該怎麼辦呢？我給大家分享一個特別簡單的方法，這個方法需要你準備一個筆記本以及一支筆。

當你正在讀書的時候，頭腦中出現的任何一個想法不要著急去執行，而是把頭腦當中的想法都記錄在本子上，比如說閱讀到第 5 分鐘，想到淘寶購物車裡面還有沒付款的物品，那就寫到本子上去。閱讀到第 10 分鐘的時候，想到晚一點要給家人打個電話聊一件事情，也不要馬上打，而是同樣記錄在本子上。

也就是說，在你專心閱讀的這 30 分鐘裡，應將頭腦中出現的任何想法全部轉移到筆記本上。我為這個行為取了個名字叫「轉移大腦法」。

我把這個方法分享給很多人用過，他們都說把自己大腦裡的想法通過寫的方式轉移之後，自己的專注力確實得到了提升。

值得注意的是，有些人可能在第一次嘗試時就能達到專注的狀態，也有一些人，需要不斷地去轉移大腦裡的想法，可能至少要用 10 次這樣的方法，才能夠做到專注。

雖然每個人的情況不一樣，但都可以使用這個方法。當我們發現自己在用了兩次之後沒有作用，也不要氣餒，繼續用下去，會越來越好。

簡單來說，遇到無人打擾時仍無法保持專注的情況，可以按照以下三步來執行：

第一步，把頭腦當中雜亂無章的想法，轉移到本子上；

第二步，引導自己繼續專注手頭上的事；

第三步，手頭上的事情做完後，一條條處理本子上記錄下來

的事情並打鉤。

第三種：被別人打擾的情況下，如何保持專注力？

第一種情況，打擾你的人特別著急，需要你馬上幫他處理事情。

應對方法是，快速把自己手頭上正在做的事情寫到旁邊的本子上，然後去幫助對方。

被別人打擾是我們無法掌控的事，很多人在被別人打擾之後，回到自己的座位上，已經忘記自己剛剛在做的事情進行到哪一步了，而做記錄這個小小的舉動可以讓你在處理完其他人的事情之後，快速回到自己的工作軌道上來。

第二種情況，打擾你的人的事情沒那麼著急。

你可以反問他，能不能讓他等你把手頭上的事情處理完後再幫他處理他的事情。

如果對方的答案是可以，那你就先把自己手頭上的事情處理到一定階段，再去找你的同事，並且幫他把事情處理好。

需要注意的是，你要做一個信守承諾的人，而不是把同事打發走後，就再也不主動去找他了。如果是這樣的話，下一次他找你做事情都會特別著急。

第三種情況，對方找你的事情不需要你今天完成，過兩天完成也是可以的。

這種情況下，你可以請對方給你發一封郵件或短消息 (編按：手機簡訊或微信訊息)，並且寫清楚需要你完成的事情的截止時間，你把自己手頭上的事情處理好之後再去看郵件或短消息處理就好。

　　以上三種情況，更多會出現在職場上。當然，在生活中，也會頻繁出現被別人打擾的情況，尤其是在家裡做一些事情的時候，會被家人打擾。如果是在家裡做事，你可能需要提前跟家人溝通好，告訴他們接下來的三個小時內，你需要專注地做一件事情，如果有什麼不太重要的事情，可以等你出來再處理；如果事情比較著急的話，就隨時隨地都可以打擾你。

　　另外，我自己常常會在有事情忙的情況下，選擇一個安靜的地方做完它，比如我會選擇去家附近的咖啡館，專注地把手上的事情做完。

　　最後，再強調一點，要養成不定期關閉手機的習慣，因為現在很多人都會花很多時間在手機上。我自己的習慣是，如果有特別重要的事情需要全力以赴，就將手機關掉，來專門處理這件事。我相信，現在大部分人的專注力都是被手機分散掉的，如果能養成不定期關閉手機的習慣，也是保持專注力非常重要的一個方法。

　　以上就是我們本節的主要內容。本節的要點是：

　　第一，每個人每一天都要為自己找到至少一段 30 分鐘的專注時間。

　　第二，無人打擾的情況下，如何保持專注力？

　　第三，被別人打擾的情況下，如何保持專注力？

　　最後，給大家佈置一個思考和踐行作業：

　　你覺得自己的專注力強嗎？如果不強，結合本節內容，看看有什麼可以提升的方法，記得用起來！

第二篇

高精力人士如何分配休息時間

就像手機沒電的時候需要充電一樣，我們也需要通過休息來恢復精力。

第一種休息方式叫作「被動休息」。

我的學員 A 學了我的時間管理課程中的「如何高效利用各種分類時間的方法」之後，覺得特別有效果，但是也覺得特別累。

一開始我還以為是因為我的方法不夠好，所以他用了之後會特別累。在瞭解了他的情況之後，我發現問題出現在他身上。因為他太想要管理好自己的時間了，所以聽完課之後把每一分每一秒都利用了起來，一點都不肯浪費，最後導致他的休息時間被擠壓到所剩無幾。

我想問大家，你是口渴了才喝水，餓了才吃飯，睏了才想睡覺這一類型的人嗎？

如果你的答案是 Yes，你就和 A 一樣是一個「被動休息」類型的人。

很多人認為自己不是，但經過仔細觀察，會發現自己確實是這一類型的人。

再給大家舉個例子，比如週四 11:00 的時候，你正在和同事開會，開完會之後發現已經 11:45 了，這個時候，你會選擇先去吃午飯，還是選擇把手頭上還需要一個小時才能做完的工作做完

後再去吃午飯？

如果你的答案是，先把一個小時的工作做完再去吃飯，那你就是一個被動休息的人。

以下描述的四種現象，如果常出現在你身上，就證明你是一個「被動休息」類型的人。

第一種現象：吃飯睡覺毫無規律，餓了才吃、睏了才睡。

第二種現象：有時候餓過頭了，乾脆就不吃了。

第三種現象：很睏想睡覺，卻發現自己事情很多，帶著心事睡不著。

第四種現象：晚上失眠，早上起不來。

我對我的學員做過一次調查，有超過 60% 的人屬於這一類型。屬於這一類型的人需要注意的是，你現在的飲食和作息時間都是不夠健康的。在確認了自己的類型之後，要改變起來就沒有那麼難了。

接下來，我們來看<u>第二種休息模式，叫作「主動休息」</u>。

我們還拿「開會後選擇去吃飯還是選擇繼續工作」來舉例，如果你發現該吃飯了，你會選擇先去吃飯再考慮怎麼樣把工作完成，那你就是屬於「主動休息」這一類型的人。

我就屬於這種類型。在我的人生信條裡，吃飯和睡覺是比天還要大的兩件事情。所以跟我比較熟的人，他們常常調侃我心態很年輕，但是生活作息卻像老年人一樣，早睡早起、定點吃飯，每天還隨身攜帶保溫壺。

「主動休息」類型的人在學員中的占比大概是 30%。

也有一種情況是，你有主動休息的意識，但往往做不到，那

你需要做的就是，把這種意識落實到行動上來。

我從喝水、吃飯、睡覺三個維度來講，怎樣把自我意識變成真實的行為。

我身邊有很多人，尤其是一些男士，嘴唇看起來特別乾，這和很少喝水有非常大的關係。

我以前也沒有養成喝水的習慣，但是現在這個習慣已經養成了，我只用了以下幾個非常簡單的方法：

一、在辦公室，我會準備一個特別大的水杯，一旦渴了，馬上就能喝到水。

二、在外出的時候，我會準備一個保溫壺，隨時補充水分。

三、在最開始培養自己的喝水習慣時，我會設置鬧鐘，每隔45 分鐘讓鬧鐘提醒我喝水。

因為水杯和保溫壺都有水，而且就在手邊，鬧鐘響起來之後就很自然會喝水。

針對吃飯問題，也可以使用幾個非常簡單的方法。

一、每日三餐都設鬧鐘提醒。

二、如果需要點外賣，就設置一個點外賣的鬧鐘，聽到鬧鐘響，就放下手上正在做的事情，先把外賣點好。外賣一到，就馬上能吃飯了。

三、如果是帶飯，就設置一個熱飯的鬧鐘。

關於睡覺問題，我身邊很多人跟我講，他也知道早睡早起很好，也想要早睡早起，但就是做不到。

關於早睡和早起，一個很簡單的方法是，設定好早起的時

間，只要鬧鐘響了就意志堅定地早起，晚上到了時間就會早睡。堅持幾天之後，早睡早起的習慣就會慢慢建立起來。

主動休息的好處特別多。拿喝水為例，人只有在水分充足的情況下才能保持良好的精神狀態。拿吃飯為例，如果不能保持定時吃飯的好習慣，人的身體就會出現各種問題。當我們保持了定時吃飯的習慣後，吃的分量也比較合理，這樣就不容易生病。同樣，如果保持了早睡早起的好習慣，人的精神狀態會非常好。

如果你能夠做到主動休息，你的精神狀態和精力都不會差，那麼，你才能成為一名高效能人士。

如果你想讓自己的狀態更好，想讓自己每天都能保持飽滿的精神狀態，那麼，你就要採用第三種休息方式——「儀式感休息」，這種類型的人在學員中占比約為 10%。

「儀式感休息」是指我們除了要按時吃飯、睡覺、喝水外，還要有更高級的休息方式，比如養成保持運動的習慣、定期旅遊放鬆身心等。其他的還有養成喝下午茶的習慣、保持每日冥想等，這些都屬於「儀式感休息」範疇。

我個人最看重的「儀式感休息」是保持運動的習慣。很多人會說：我也想鍛鍊身體，但是沒有時間。在我看來，如果你每天都特別忙碌，那麼，你更加需要抽出時間來鍛鍊身體，這樣才能讓自己有足夠的體能去應付忙碌的工作狀態。

永遠不要忘記一點，我們之所以這麼努力，就是為了能夠擁有更自由的狀態去享受人生。所以在我看來，「儀式感休息」是需要貫穿在日常生活當中的。

　　每個人都喜歡新鮮感，如果你的「儀式感休息」裡面已經包含了每天要喝下午茶、每天要跑步等休息方式，那就需要你去多開發一些新的「儀式感休息」的方式。

　　最後，我再分享一下我常用的恢復精力的一些方法，比如我會在小長假時完全放開工作去看我特別喜歡的東野圭吾的小說。東野圭吾是一個寫推理小說的作家，他寫的小說情節特別緊湊，常常是看完之後，整個人會特別放鬆，很多煩惱事都忘記了。當然，你也可以為自己建立一份「儀式感休息」的清單，累的時候拿出來，挑一條用起來。

　　以上就是我們本節的主要內容。本節的要點是：

　　第一，被動休息，聽從自己的身體反應去休息；

　　第二，主動休息，主動安排自己的休息節奏；

　　第三，儀式感休息，設置有別於日常的休息方式。

　　最後，給大家佈置一個思考和踐行作業：

　　請問大家屬於哪一種類型的休息方式？如果你想讓自己的精力更充沛，下一步你會增加哪一種類型的休息方式呢？期待每個人都能成為高效能人士。

第三篇

瞭解情緒和內耗，保留你的精力

我們先看本節的第一個知識點：

什麼是情緒？什麼是內耗？

前些日子，我的孵化平臺的一位課程導師，莫名被人投訴稱我們的課程涉嫌抄襲，並要求我們刪文案、下架課程。

我的第一反應是，這不可能。於是，我快速聯繫投訴者，想問清楚是什麼情況。

從時間的邏輯上看，這件事完全不成立，投訴者的課是 2017 年 12 月底才上線的，而我們的課，早在 2017 年 6 月就已經開始，現在已經做到了第六期。後來，對方又說我們的大綱雖然不一樣，但是內容抄襲了她的課程。這就更不可能了，因為第六期課還沒開始。

也就是說，對方還沒有聽過內容，就判斷我們的導師抄襲了。

這件事一開始並未大範圍傳播開，但因為互聯網的影響力，還是有熟人知道了情況，並打來電話安慰我，擔心我的心情受到影響。

說實話，遇上這樣的事情，不論是誰，心情肯定會受到影響，但奇怪的是，這件事幾乎沒有對我造成影響，很快我就把這件事情拋諸腦後了。

　　好朋友和我說，如果這件事發生在她身上，那幾天她的心情肯定會特別糟糕。

　　簡單來說，情緒就是當一件事情發生時，你的心情被這件事情影響的程度。而內耗就是當事情過去後，你會不會一直惦記著它，會不會因這件事而耗費更多的情緒。

　　也就是說，當事情發生時，有情緒是正常的，但是不要升級成內耗。

　　接下來，我們來看第二個知識點：

　　<u>察覺你的情緒，避免升級成為內耗。</u>

　　相信很多人都有過被情緒支配的經歷，並且深受其害、無法自拔。每個人都必須具備察覺自己情緒的能力，並避免它升級成為內耗。

　　20 世紀 90 年代，一位心理學家提出了「情緒細微性」這個概念。它指的是一個人區分並識別自己具體感受的能力。情緒細微性的高低，直接影響著我們管理和應對情緒的能力。情緒細微性高的人，能夠分辨並表達自己的情緒，也能更好地掌控和管理自己的情緒，和情緒做朋友。情緒細微性高的人不容易被情緒控制。而提高情緒細微性，就能直接提高人們處理負面情緒的能力。

　　是不是很想知道自己的情緒細微性怎麼樣？這裡一共有 14 道題，用來測試一個人的情緒廣度與對情緒的區分度。大家可以根據下面的題算一下自己的分數：

　　計分方法：

　　1—9 為正向計分題

　　5 分表示「這是對我的精確描述」，1 分代表「這完全不是

對我的描述」。

10—14 為反向計分題

1 分表示「這是對我的精確描述」，5 分代表「這完全不是對我的描述」。

測試題：

正向計分題：

1. 在我所擁有的感覺中，我能夠意識到它們之間的細微差異。

2. 我想要去經歷廣泛的、不同的感覺。

3. 對於那些密切相關的情緒詞語之間的細微差別，我非常善於分辨。

4. 我能夠意識到某一種既定情感中細緻的差別或者微妙的不同。

5. 在我的一生中，我能夠體會到廣泛的、許許多多不同的感覺。

6. 每一種情感對我來說都有著清楚而獨特的意義。

7. 我傾向於在相似的感覺之間做出清楚的區分（比如：抑鬱和憂傷，生氣和惱火）。

8. 我經歷著豐富多樣的情感。

9. 我意識到每一種情緒都有著完全不同的含義。

反向計分題：

10. 我經常體會到的情緒都很有限。

11. 在日常生活中，我體會不到很多種不同的感覺。

12. 在日常生活中，我不會體驗到很多種類的感覺。

13. 如果用顏色來形容不同的情緒，我可以注意到每一種顏

色（情緒）內部的細微變異。

14.「感覺很好」或是「感覺很糟糕」——這樣的表達足以描述我日常生活中的大多數感覺。

量表解釋：

將所有題目的得分加在一起，然後除以 14，就是你的量表分數。

研究顯示，量表的總體平均分是 3.72 分（男性的平均分是 3.61 分，女性的平均分是 3.75 分）。高於平均分，說明在總體人群中情緒細微性較高；低於平均分，說明在總體人群中情緒細微性較低。

研究者認為，量表得分越高的人，情緒細微性越高，有更多的情緒管理策略；自我意識越高，對情緒經驗更加開放、共情力更高，自我感受到的人際關係品質越高。

如果你是高情緒細微性，你對自己情緒的變化會非常敏感。

如果你是低情緒細微性，還有以下兩種方法，協助你察覺自己的情緒狀態。

第一種：回憶法，回憶過往最讓你生氣的人和事物是什麼，並寫下來。

第二種：評價法，邀請身邊的朋友，描述使自己容易情緒波動的場景。

最後，我們來看本節的第三個知識點：

三種情緒場合，帶你避免情緒和內耗，成為高精力人士。

你可能是第一種情況：

一覺起來神清氣爽，為今天安排了滿滿一天的行程，卻在早

晨開例會時，被上司點名批評上周的一個小小的工作失誤。這個失誤原本無傷大雅，但點名批評這個行為讓你感覺顏面盡失。一整天，你都陷入情緒低谷中。到了晚上，你翻開行程表，發現沒有一件事按部就班完成，心情更差了。

太過在意他人的看法，屬於壞情緒的第一大殺手。替代法是面對這種情況時的最佳解決方法。你可以通過做事，去替代這種受傷的情緒狀態。當然，你不一定還要按照自己早晨列下的行程去做，你可以重新列一些輕鬆一點的事情。先讓自己在做事情的過程中忘掉壞情緒，再決定要不要重新按照最初的行程進行。

你也可能是第二種情況：

週末的早晨醒來，睡得還算不錯，冬天的被窩實在是太暖和了。於是你決定，先躺在被窩裡玩會兒手機。一開始，你興致勃勃，很快將微博、朋友圈刷完了，微信留言也全部看完並回覆完畢。你開始為了玩手機而玩手機，這種無所事事的狀態一直持續到 11 點。這時，雖然沒有發生什麼具體而真實的讓你感到不愉快的事，也說不上哪裡不爽快，但就是覺得不開心。

無所事事表面上看起來幸福得不得了，但卻是情緒的慢性殺手。而且在當下你還感受不到，就是覺得乏力、對一切都提不起興趣。

比起一時較大的情緒爆發，有時候我更害怕這種慢性情緒。它會讓你很長一段時間萎靡不振，找不到最好的解藥。

此時，你需要離開你身處的場域，或者去吃個美味可口的早餐，或者去看場評價不錯的電影，或者約個閨蜜說說最近的不如意。總而言之，為自己找點事做，才是對抗壞情緒，讓情緒變好的秘密所在。

你還有可能是第三種情況：

今天是週一，而週一又是你日常工作最忙的一天。忙碌了一整天後，心情已經不怎麼樣了。回到家，你以為可以稍微換一下心情。打開門的一瞬間，孩子就抱上來，撒嬌地問你能不能吃一顆糖。你完全忘記了理性的自己應該是什麼樣子，大聲對著孩子喊：不可以吃糖，給我乖乖去吃飯。只留下孩子驚恐、不知所措的臉。

因為你忘掉的是，孩子已經吃完飯了，你們昨天約好，今天他乖乖吃完飯，就能在飯後吃一塊糖。

想到這裡，你的心情變得更差了！

作為一個成熟的社會人，一個最基本的要求是，在不同場合中，要能區分清楚自己的角色，避免把工作當中的情緒升級成內耗帶回家。

在工作中，你是一位職場人士。回到家，你是妻子／丈夫、是母親／父親、是女兒／兒子。如果你忘掉邊界，也許你可以把職場上的氣撒在家裡。但這種情緒的發洩是一種自欺欺人的愚蠢行為。你不會開心，更多的是懊惱和後悔。而你必須為你的每一個行為負責。

請在下一次推開家門時告訴自己：我是媽媽，我回來了。用你的笑容迎接你的孩子。當你擁有察覺自己情緒的能力時，你的負面情緒就已經釋放了一半。

情緒管理能力並非一蹴而就，一個人也不可能經歷所有的情緒場景。但能確定的是，如果你擁有了情緒管理能力，情緒就不會升級成為內耗，這樣你就能擁有一個愉快舒暢的高效人生。

以上就是我們本節的主要內容。本節的要點是：

第一，一個故事，帶你區分清楚什麼是情緒，什麼是內耗；

第二，察覺你的情緒，避免升級成為內耗；

第三，三種情緒場合，帶你避免情緒和內耗，成為高精力人士。

最後，給大家佈置一個思考和踐行作業：

列出最容易讓你情緒激動的三種場景，在之後遇到這三種場景時，及時察覺自己的情緒狀態，避免轉化為內耗。

附　錄 ▶▶

高效學習篇

第一篇
升級式關鍵資訊篩選法

我們來看第一個知識點：

關鍵字篩選資訊法。

高效學習者許岑曾經分享過一個觀點：「成年人的學習方法不同於小孩，成年人更應該帶著當前面臨的問題和困惑去學習，根據目標去學習，而不是像小孩子一樣從基礎學起，因為小孩子學習通常都不是為了目標和解決問題。」

簡單來說，成年人的學習是功利性的。但大部分的人，卻進行著漫無目的的學習。

很多人面對一本書或者一個社群的海量資訊時，通常會從頭到尾學習一遍，這樣效率太低了。其實，你可以帶著目的去學習，比如，你可以帶著關鍵字進行學習，從學習的物件裡快速抓取自己想要的知識。再比如，你可以為自己每個月或者每年設置一個學習的主要關鍵字。以每個月為例，假設自己當月設定的關鍵字是時間管理，在整個月裡，你可以圍繞時間管理這個關鍵字進行學習。一個月過去後，你對時間管理會有比較全面的認識。

瞭解了「關鍵字篩選資訊法」之後，首先要解決的問題是，去哪裡找到這些關鍵字以及多少個關鍵字是比較適合進行資訊篩選的。同樣還是以時間管理為例：

第一步，確定一個最核心的關鍵字，那就是時間管理。

第二步，把時間管理這個關鍵字擴展成多個維度，比如職場人士的時間管理，全職媽媽的時間管理等。

第三步，寫下和時間管理相關的其他維度的關鍵字，比如擅長時間管理的人的名字、他的作品的名字等。

第四步，寫下和時間管理相關的發散性關鍵字如拖延症、精力管理等。

第五步，以上所有的關鍵字都在百度 (編按：大陸自行發展的搜尋引擎) 上進行搜索，最後確定三到五個對你來說最重要的關鍵字。

接下來，我們來看第二個知識點：

需要用關鍵字進行資訊篩選的應用場景。

在寫本節內容之前，我數了一下自己正在參加的活躍社群數量，是 20 個。

如果我每天都一字不漏地把這 20 個社群裡面的資訊全部看完，可能需要 3—5 個小時的時間。

同樣，我看了一下書櫃上沒有看完的書，有 50 本，如果我要從頭到尾把這 50 本書看完，也需要至少大半年的時間。

聽完我描述的以上兩種場景之後，很多人就開始焦慮了：那麼多資訊看不完、那麼多的書看不完，我該怎麼辦？

但是我不會焦慮，因為我知道，無論是社群還是書裡面的知識，雖然資訊很豐富，但我真正需要的可能只有十分之一。

那麼，如何利用第一個知識點提到的關鍵字資訊篩選法來快速地從社群、書本裡吸收自己想要的知識呢？

依然是拿時間管理為例，假設本月我的學習關鍵字是時間管

理，學習的方式是我要參加一個時間管理課程的社群和看一本時間管理的書。

先以參加一個時間管理課程的社群為例。

第一步，在加入這個社群的初期，我會花比較多的時間對社群裡大家聊天的信息和參與社群的成員進行觀察和瞭解。

第二步，過了幾天後，我會根據想要解決的問題列出關鍵字，比如說要解決拖延症，那我就用拖延症作為資訊篩選的關鍵字；我會找到社群裡我想要重點學習的對象，把他的名字記下來。也就是說，參加這個社群，我會找兩類關鍵字：一類是資訊關鍵字，一類是我想要學習的榜樣的名字關鍵字。

看書也是一樣的，在看整本書的正文內容之前，我會把書的目錄、其他推薦者對書的推薦語、序言都通讀一遍，讀完之後會挑選出 3—5 個關鍵字，然後再帶著這些關鍵字去看這本書的內容，一邊看書一邊圈出正文裡面出現的跟這些關鍵字相對應的內容。這樣通讀一遍之後，你想要瞭解的內容就基本可以瞭解到了。

除此之外，再給大家分享我自己常用的收集資訊的一些互聯網平臺：

第一個平臺：百度，任何問題，我都會先找到關鍵字，然後用百度搜索關鍵字，快速瀏覽並找到自己需要的資訊。

第二個平臺：知乎，知乎常常會針對某種類型的問題，有多維度的交流和討論。

第三個平臺：微信，在搜索框輸入關鍵字後，拉到最底部，選擇朋友圈或者是公眾號，可以找到很多資訊。

第四個平臺：微博，你可以在微博上搜到很多人對同一件事情的不同觀點和看法。

最後，我們來看第三個知識點：

<u>篩選完資訊後，該怎麼做？</u>

當我們用關鍵字搜索到所有的資訊後，不可避免的是，這些資訊並不都是我們馬上可以用到的。有一些資訊我們當下用不到，但內容非常好。

那麼，我們應該怎麼樣去處理這些篩選過後的資訊呢？

你可以在雲筆記裡建立主題資料庫，資料庫可以分為兩個維度：

一個維度是用關鍵字搜索之後能夠解決我們當下問題的資訊清單。

另一個維度是，雖然暫時無法解決當下的問題，但是通過關鍵字資訊搜索之後對自己有用的一些內容。

當下就能用得上的關鍵資訊，非常重要的一點是，要馬上找到應用的場景，比如，你用關鍵字搜索到了可以解決拖延症的方法，而你恰好患有嚴重的拖延症，那麼，你就可以將解決拖延症的方法詳細羅列下來。

當下暫時用不到的一些資訊，你可以在提煉新的關鍵字後打上標籤，然後分門別類地歸納到有道雲裡。

為什麼要去歸納呢？因為無論是看書還是聽課程，有很多資訊都是重複的，如果我們從來不對自己的知識庫做整理，常常需要花很多的時間去學習那些重複的內容。

但是，如果我們記得自己之前學習過的知識，下一次再碰到的時候就不需要再認真去學了，而是大致瀏覽之後，將一些新的知識整理歸納到已有的知識框架裡面就行了。

下一次我們再碰到類似的問題時，就不需要再去翻書，而是從自己之前看過的書或者是聽過的課裡找到已經整好的放在雲筆記裡的資訊，從中搜索就可以獲得這些知識了。

學習高手與普通的學習者之間，在這一點上是存在很大的差距的。

學習高手會不斷擴大自己的認知邊界，而且對自己學到的每一個知識點，他都會有意識地歸納起來，並且找到可以用到的地方，這樣，他的知識儲備量就會越來越豐富。

以上就是我們本節的主要內容。本節的要點是：

第一，關鍵字篩選資訊法；

第二，需要用關鍵字進行資訊篩選的應用場景；

第三，篩選完資訊後，該怎麼做？

最後，給大家佈置一個思考和踐行作業：

問問自己，近來最受困擾的一個問題是什麼？找出相對應的關鍵字，然後在你所在的社群或者互聯網平臺裡，或者你讀過的書中，嘗試採用這種方法去搜索，找到能夠解決問題的資訊，並且學會把這些資訊整理歸納到雲筆記裡。

第二篇

寫書式學習：如何做到高效吸收書本精華

這裡先要跟大家強調一下，寫書式學習法，是一種精讀書的方法，但並不適合讀所有的書。如果每一本書我們都用這種方法閱讀的話，讀書的速度會非常慢，所以不是每一本書都值得我們用這麼精細的方法去閱讀。

如果我們快速瀏覽完一本書之後，覺得這本書對自己的說明很大，需要精讀，那麼就可以用這種方法。這個方法是我在寫第一本書的時候自己創造出來的一種方法，在那之後，一旦我遇到一本特別棒的書，我就會用這種方法來進行學習，對書的吸收也會非常全面。

首先，我們來看第一個知識點：
自編目錄法。模仿作者，用自己的表達方式寫下書的目錄。
學過的知識，如果可以通過自己的語言清晰地表達給他人聽，這才算是對知識消化吸收了。

我對自己的要求更高，看了一遍書後，會加上自己的思考，甚至會在網上對一些概念進行搜索，加深對知識的理解。所以，如果是好書，我會看得特別慢。

自編目錄的意思是，當看完一本書的某章節內容後，不要去看這本書的原目錄，就用你自己對書的理解和思考，寫出相對應的一級和二級目錄。

這個挑戰其實是非常大的，因為很多學員在聽到我這個方法之後，都回饋說這是一件「聽起來很容易，但操作起來難度挺大」的事。為了讓大家執行起來相對容易，我拆分成四個步驟供大家參考。

第一步，認真看作者是怎樣寫這些目錄的，在心裡至少通讀三遍。

第二步，看完對應的一章和每章的小節之後，用自己的話寫出對應的目錄。

第三步，把自己寫出來的目錄和作者的目錄進行對比，找出差距。有些人可能會發現自己寫得比作者的還要好，那是好事，但是如果發現自己沒有作者寫得好，那就進入到第四步。

第四步，修改和調整自己的目錄，讓自己的目錄更加貼合書的內容。

按照以上四個步驟，大家可以寫出自己精讀過的書的目錄了，相信大家對書的內容會記得更加牢固。再一次強調，如果我們完全不理解書的內容，要用起來其實是很難的，只有在閱讀的過程中加入自己的思考，對知識有印象，才能夠學以致用。

接下來，我們來看第二個知識點：

每章小結法。對每個章節的內容，做三條總結。

寫完目錄是不夠的，因為目錄是一句話，就像課程的標題。我們還要對每個章節的內容做總結。

針對書裡每一章節的內容，我們可以根據信息量的多少進行總結。如果章節內容比較少，可以對整個章節做三條總結；如果整個章節內容比較多，可以針對每章裡面的每一小節來做三條總

結。

三條總結該怎麼寫？最簡單的做法是，看完書之後，從對自己啟發最大的三個維度出發，用自己的話寫出三條總結。

還有另外一種方式是：

第一條總結用來描述學到的知識的具體的內容；

第二條總結用來寫下對這個知識點的思考；

第三條總結用來寫自己接下來的一個行動計畫。

如果你看的是一本內容很好而且信息量又非常大的書，你還可以這樣做：把一條總結拆分成三條小總結。也就是在總結裡加入三點內容、三點自己的思考和三點行動計畫。

大家有沒有發現，我一直跟大家強調總結的條數不能超過三條。原因很簡單，如果總結的條數太多，看起來什麼都是重點，其實就意味著沒有重點，所以最好的總結條數就是三條。如果大家細心觀察的話，也會發現，我的每一節內容也都是從三個知識點來進行展開的。當然，每個知識點下面也會有一些小的知識點。

這樣的好處是，整個課程的結構非常清晰，大家學起來也不會亂，聽過一遍後，結合精華筆記進行內容的複盤就可以了。

最後，我們來看第三個知識點：

行動計畫清單。

在書的最後一頁，寫下 3—10 條行動計畫。

在寫下行動計畫清單之前，我們要做的第一步是，看一下自己寫下的每個章節的三條總結，儘量從每個章節裡面提煉出最受啟發的一個要點。

第二步，假設本書一共有八個章節，那麼你需要提煉出八個

要點。

針對這八個要點，把它拆分成具體可執行的幾個步驟。

第三步，寫下 3—10 條行動計畫。

可以是針對某個習慣的養成拆分成的 3—10 條行動計畫，也可以是 3—10 條不同習慣的養成的行動計畫。

行動計畫會有以下三點要求：可量化、有時間節點、有輸出。

舉個例子，我本身是一個晚睡晚起的人，當我看到一本書裡面提到了早睡早起的好處後，我就會結合這本書，寫下早睡早起需要達到的行動計畫。

早睡早起的行動計畫表如下：

第一點，確定晚上睡覺的時間為 11 點，並且提前 20 分鐘完成睡覺前的準備。

第二點，調好第二天 6 點半早起的鬧鐘。

第三點，瞭解清楚自己晚上的入睡習慣，我自己的習慣是，晚上睡覺之前要看電影，看電影就會非常容易睡著，那麼我的行動計畫是睡覺之前為自己準備好電影清單。

第四點，要求自己第二天早上鬧鐘響之後一定要起床。

第五點，適應了這樣的早起時間之後，大概每隔一個星期，把早起的時間和早睡時間都往前提 5—10 分鐘。

第六點，提前準備好早起後的計畫清單。

針對每一本書的行動計畫清單，我會羅列在這本書的最後一頁紙上。如果說這本書最後一頁紙的空白位置不夠，我會去找一張 A4 紙，寫完之後和最後一頁紙裝訂起來。

最後再強調一下，寫書式學習，真的是比較費時間的。最開始，我用這個方法讀一本書，要用大概 20 個小時的時間，如果

每天花 3 小時，大概要用 7 天。隨著速度越來越快，現在基本上 6 個小時可以讀完一本書。

以上就是我們本節的主要內容。本節的要點是：

第一，自編目錄法。模仿作者，用自己的表達方式寫下書的目錄。

第二，每章小結法。每個章節的內容，做三條總結。

第三，行動計畫清單。在書的最後一頁，寫下 3—10 條行動計畫。

最後，給大家佈置一個思考和踐行作業：

挑一本你最喜歡的書，用寫書式的方法來進行閱讀。如果你的讀書量非常少，那就先把這個方法放一放，先從培養閱讀習慣做起吧。

第三篇

榜樣學習法：如何讓喜歡的榜樣爲自己賦能

在大家常規的認知裡，看書和聽課是常見的學習方式。一個很容易被大家忽略的學習方式是：向優秀的人學習。

我在剛工作開始時，就喜歡觀察周圍人的特點，並且善於向周圍的人學習，尤其是向優秀的人學習，受益匪淺。在向榜樣學習的過程當中，具體需要我們怎麼做呢？

第一個知識點：

建立一份不同行業的榜樣名單表。

在最開始探索副業的時候，我的榜樣名單裡的人很少，隨著我繼續探索副業，並且隨著通過副業獲得的收入越來越多、名氣越來越大，我的榜樣人數也越來越多。

所以我建立了一份不同行業的榜樣名單表，在建立這份名單表的過程當中，我們需要注意什麼呢？

第一步，列下你感興趣的行業類型，比如職場、心理學、個人成長、投資、身材管理類、創業類等。

第二步，在每個行業裡找到一個你最喜歡的榜樣，榜樣的人數最多不要超過三個，太多的話，你的時間和精力不夠。

第三步，不同階段喜歡的榜樣類型可以隨時調整和更新。

第四步，從哪裡找到這些榜樣名單呢？有以下三個方法。

　　第一個：從身邊可以接觸到的人裡面找到你的榜樣。身邊的榜樣，我們可以跟他進行交流，也能夠觀察到他最新的動態。

　　身邊的榜樣不單是指在真實生活裡可以接觸得到的，也可以是線上的一些社群，你們在同一個社群裡，每天都可以看到他的動態。

　　第二個：從社交平臺比如微博、微信公眾號上找到你的榜樣。

　　最開始建立榜樣清單時，這類型的榜樣跟我們之間的距離是比較遠的。但是我們可以從微博、微信公眾號這些社交平臺上看到對方每天的狀態更新，不斷向對方學習，然後創造機會去接觸他。我通常是通過參加對方的簽售會或者其他活動進行接觸。

　　第三個維度：從書裡面找到你的榜樣。這種類型的榜樣，有可能你接觸不到，但你可以通過看他的書去瞭解對方，學習對方身上優秀的一面。

　　第二個知識點：

　　向榜樣進行多維度的學習。

　　瞭解了向哪些榜樣學習外，還要做到向榜樣深度學習，有以下五個維度。

　　第一個維度：吸收榜樣的能量。每個人都會遇到不開心的事情，但是，你會發現，那些榜樣在面對困境時呈現出來的狀態是不一樣的。他們在遇到難題時，既能接受其出現，又能將精力花在如何解決問題上。這種良好的心態非常有利於難題的解決。

　　第二個維度：學習榜樣的人生活法。在我的榜樣名單裡，大部分的人都不是工作狂，他們會對很多事情感興趣，對不同的事情也會有很多有趣的觀點。所以，我會去觀察他們是怎樣生活的，

這樣對我自己生活狀態的調整也有非常大的幫助。

第三個維度：看榜樣的書單、電影單和視頻清單，並且去學習他們看完書、看完電影、看完視頻之後所總結出的觀點，從他們的思維方式上去學習看問題的角度。

第四個維度：借鑒榜樣的行動力。我常常會收到學員的私信，稱看完我在懷孕期間以及生完小孩之後所做的事情，受到了很大的鼓舞，也因此開始提升自己的行動力。我自己也是如此，當我發現我自己想要鬆懈的時候，看到比我優秀的榜樣比我還努力，就會要求自己變得更加勤奮。

第五個維度：學習榜樣的專業化。為什麼要在不同的行業找到你的榜樣名單呢？因為人無完人，每個人都有自己擅長的領域，你一定要清晰地知道你所喜歡的那個榜樣，他最擅長的領域是什麼，並且重點觀察他在這個領域裡發表的觀點、他的思維方式和行動力。

第三個知識點：
榜樣視角法。
如果你是自己的榜樣，你會怎麼做？

在觀察榜樣的時候，我們會做一些記錄，並且告訴自己如何行動。但在行動過程中，我們會遇到不同的阻礙，有的是來自外界，更多的是來自我們自己。

舉個例子，我有一個榜樣，她出了很多本書，我想要向她學習。但是，當我想要出第二本書的時候，我可能會給自己找各種各樣的理由往後拖延。

這時候就需要用「榜樣視角法」去激勵自己。

　　以我為例，生完小孩之後，我遲遲不去鍛鍊身體。後來我就用了榜樣視角法，我從互聯網上找到好幾個生完小孩之後開始管理自己身材的榜樣，然後把她們所用到的方法全部整理並列印了出來。等我想偷懶的時候，我就會問自己，如果我想要成為像她們一樣能夠管理好自己身材的媽媽，我需要怎麼做？

　　「榜樣視角法」特別適合引導自己去做一些自己不想做的或者不敢嘗試的事情。有時候，我們做不了一件事情，真的不是因為自己能力不足，而是因為不相信有人可以做成這麼一件事。

　　「榜樣視角法」有以下四個步驟：

　　第一步，理出自己想要提升的維度；

　　第二步，從榜樣清單裡面去找合適的榜樣；

　　第三步，如果榜樣清單裡面沒有，那就去互聯網上重新找；

　　第四步，在養成這個習慣的過程中，遇到的任何阻礙，都通過學習榜樣的力量去克服。

　　以上就是我們本節的主要內容。本節的要點是：

　　第一，建立一份不同行業的榜樣名單表；

　　第二，向榜樣進行多維度的學習；

　　第三，榜樣視角法。如果你是自己的榜樣，會怎麼做？

　　在副業探索路上，大家可以把我當成榜樣。當你不知道該怎麼做的時候，可以從我的公眾號或者課程裡面去找一些方法。期待大家能夠在副業探索之旅上取得最大的收穫。

後記：和我一起，開啟你想要的人生之旅

在這本書的序言裡，我寫道：「人生，沒有什麼不可能！」我相信很多讀者看完我的故事後，會受到一些觸動。

但受到觸動後，如果沒有任何行動，人生只能是原地踏步。

本書序言《人生，沒有什麼不可能》，是想用我自己的親身經歷，讓大家相信，人生會有多種可能性。

整本書的內容，是把所有和副業賺錢相關的案例、方法、思維、管道等扎扎實實地分享給大家。

而這篇後記，最重要的目的是提醒你：一定要行動起來！唯有行動，才能真正踏上副業賺錢之旅。

我相信，在這本書正式出版之後，我的人生又會上一個新的臺階。而你，是否也已經踏上了自己的新臺階了呢？

期待能和你有更多的交流，我在我的公眾號（ID：Angie 20160120）公佈有添加我個人微信的方式，期待你看完這本書分享你的讀後感和副業賺錢故事給我聽。

等你！

台灣廣廈 國際出版集團
Taiwan Mansion International Group

國家圖書館出版品預行編目（CIP）資料

副業致富的法則：想變有錢一定要懂的開源思維與經營法則！成
功增加複利收入，才能讓財富自由加速 / 張丹茹作. -- 新北市：
財經傳訊出版社, 2023.07
　　面；　公分
ISBN 978-626-7197-24-0
1.CST: 職場成功法　2.CST: 副業

494.35　　　　　　　　　　　　　　　112006266

財經傳訊
TIME & MONEY

副業致富的法則
想變有錢一定要懂的開源思維與經營法則！
成功增加複利收入，才能讓財富自由加速

作　　　者／張丹茹　　　　編輯中心編輯長／張秀環・編輯／蔡沐晨・陳虹妏
　　　　　　　　　　　　　封面設計／曾詩涵・內頁排版／林雅慧
　　　　　　　　　　　　　製版・印刷・裝訂／東豪・弼聖/紘億・秉成

行企研發中心總監／陳冠蒨　　　線上學習中心總監／陳冠蒨
媒體公關組／陳柔彣　　　　　　數位營運組／顏佑婷
綜合業務組／何欣穎　　　　　　企製開發組／江季珊

發　行　人／江媛珍
法 律 顧 問／第一國際法律事務所 余淑杏律師・北辰著作權事務所 蕭雄淋律師
出　　　版／財經傳訊
發　　　行／台灣廣廈有聲圖書有限公司
　　　　　　地址：新北市235中和區中山路二段359巷7號2樓
　　　　　　電話：（886）2-2225-5777・傳真：（886）2-2225-8052

代理印務・全球總經銷／知遠文化事業有限公司
　　　　　　地址：新北市222深坑區北深路三段155巷25號5樓
　　　　　　電話：（886）2-2664-8800・傳真：（886）2-2664-8801
郵 政 劃 撥／劃撥帳號：18836722
　　　　　　劃撥戶名：知遠文化事業有限公司（※單次購書金額未達1000元，請另付70元郵資。）

■出版日期：2023年07月
ISBN：978-626-7197-24-0　　　版權所有，未經同意不得重製、轉載、翻印。

本書 臺灣繁體版由四川一覽文化傳播廣告有限公司代理，
經北京時代華語國際傳媒股份有限公司授權出版